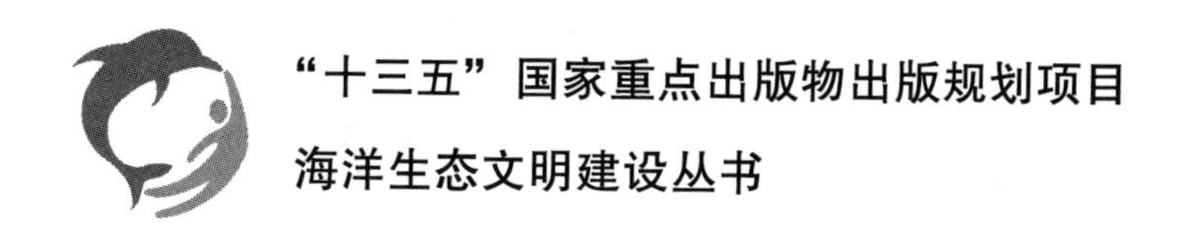

海洋公园的管理模式与实践探索

陈凤桂 等　编著

海洋出版社

2020 年 · 北京

图书在版编目（CIP）数据

海洋公园的管理模式与实践探索/陈凤桂等编著.
—北京：海洋出版社，2020.12
ISBN 978-7-5210-0716-9

Ⅰ.①海… Ⅱ.①陈… Ⅲ.①海洋公园-管理模式-研究 Ⅳ.①P756.8

中国版本图书馆 CIP 数据核字（2020）第 266912 号

责任编辑：鹿 源 杨传霞
责任印制：安 淼

海洋出版社 出版发行

http://www.oceanpress.com.cn
北京市海淀区大慧寺路 8 号 邮编：100081
中煤（北京）印务有限公司印刷 新华书店北京发行所经销
2020 年 12 月第 1 版 2020 年 12 月第 1 次印刷
开本：889mm×1194mm 1/16 印张：9.25
字数：260 千字 定价：68.00 元
发行部：62100090 邮购部：62100072 总编室：62100034

《海洋公园的管理模式与实践探索》编著者名单

陈凤桂　姜玉环　陈肖娟
巫建伟　蒋金龙　刘进文
颜　利　张　锦　胡彦兵

前　言

2011年5月19日，国家海洋局发布了新建7处国家级海洋公园名单，这是我国首批国家级海洋公园。至今，我国已建立国家级海洋公园达48处。海洋公园属于海洋特别保护区的一种类型，是在海洋保护区分类体系的框架下，从发挥生态旅游功能的角度，具体实施海洋生态保护与旅游资源可持续利用。根据我国《海洋特别保护区分类分级标准》，海洋公园是指为保护海洋生态与历史文化价值，发挥其生态旅游功能，在特殊海洋生态景观、历史文化遗迹、独特地质地貌景观及其周边海域划定的海洋特别保护区。

2019年中共中央办公厅、国务院办公厅印发了《关于建立以国家公园为主体的自然保护地体系的指导意见》的通知，提出构建科学合理的自然保护地体系。按照自然生态系统原真性、整体性、系统性及其内在规律，依据管理目标与效能并借鉴国际经验，将自然保护地按生态价值和保护强度高低依次分为3类，即国家公园、自然保护区、自然公园，其中，自然公园包括森林公园、地质公园、海洋公园和湿地公园等各类自然公园。尽管类别体系发生了一定的变化，但是海洋公园作为自然保护地体系的一员，在海洋生态保护方面始终发挥着自己的作用。

海洋公园，与实施“严格保护禁止开发”政策的海洋自然保护区不同，它鼓励在保护海洋生态功能的前提下，适度开发利用海洋资源。海洋公园侧重建立海洋生态保护与海洋旅游协调发展的管理模式，在生态保护的基础上，合理发挥特定海域的生态旅游功能，从而实现生态环境效益与经济社会效益的双赢。海洋公园的建立，进一步充实了海洋保护地类型，为公众保障了生态环境良好的滨海休闲娱乐空间，促进了海洋生态保护和滨海旅游业的可持续发展，丰富了海洋生态文明建设的内容。

在生态效益方面，海洋公园的建立丰富了海洋生态文明的内涵，能有效保障区域滨海、海岛与海洋生态系统的健康、安全，为海洋生物提供栖息、繁育和觅食的场所，有效保护和恢复区域生物多样性，构建完善的生态网络。在社会效益方面，海洋公园是科研、科普教育的理想基地，能促进海洋文化的提升和传播；增强保护海洋生态的社会公众意识，促进公众参与、社区共管模式的形成；有助于构建生态和谐的人居环境，提高居民的生活水平。同时，通过发展海洋休闲及生态旅游等，海洋公园还可以推动区域海洋经济多样化发展。

美国、澳大利亚、英国、加拿大、新西兰、日本和韩国等国家相继建立起国家海洋公园体系，以海洋生态系统与海洋景观保护为主，兼顾海洋科考、环境教育及休憩娱乐的发展模式，使生态环境保护和社会经济发展等目标均得到了较好的满足，受到民众的普遍认可，成为国际上海洋保护区设立与发展的主要模式之一。其中，澳大利亚大堡礁海洋公园，总面积 35×10^4 km^2，有效地保护了海洋生态系统，每年吸引超过200万世界游客，可为澳大利亚带来45亿美元的收入。在不影响保护目标的前提下，美国的海洋保护区尤其是国家海岸公园对带动社会经济的发展起到了积极的推动作用。据统计，滨海旅游业已成为仅次于海洋运输的美国国民经济发展的巨大驱动力，平均每年有2亿人前往海滨休闲度假，为当地社区带来近百亿美元的经济效应①。

我国的国家级海洋公园建设起步晚、时间短，随着海洋公园的迅速、深入发展，涌现出了许多问题。如何实现海洋公园的保护效用和生态服务价值，以缓解生态保护与资源开发利用之间的矛盾值得管理部门、科学研究界及社会公众进行探讨。为了更好地总结和分享海洋公园建设与管理经验，中国–东盟海上合作基金项目“中国–东盟海洋公园生态服务网络平台建设”，通过构建中国–东盟海洋公园生态服务平台，分享海洋公园建设与管理的实践经验，加强生态保护实践示范，力求为提高海洋公园的管理能力服务。

为了更好地总结中国–东盟海上合作基金项目“中国–东盟海洋公园生态服务网络平台建设”的研究成果，也对近年来关于海洋公园的相关研究成果进行总结与提炼，课题组编写了《海洋公园的管理模式与实践探索》一书，希望能对我国未来海洋公园的建设与管理提供有益的参考。全书共分为七章：第一章阐述了海洋公园建设背景，包括现实背景、理论基础与政策管理背景；第二章介绍了我国海洋公园概况；第三章介绍了海洋公园建设关键技术与方法，包括选划论证的关键技术与方法、功能分区的

① 王恒．国家海洋公园建设与保护研究［D］. 大连：辽宁师范大学，2011.

关键技术与方法以及规划编制的关键技术与方法；第四章从组织体系、法规体系以及保障体系等角度介绍了海洋公园的管理体系；第五章以厦门海洋公园和涠洲岛海洋公园为例，阐述了海洋公园管理实践与探索；第六章详细介绍了国外海洋公园管理经验借鉴；第七章介绍了中国海洋公园发展与展望。

由于作者学术水平有限，书中难免出现遗漏和不足之处，敬请读者不吝指正。

作　者

2019 年 6 月

目　录

第一章　海洋公园建设背景

第一节　现实背景

一、主要海洋资源与开发现状

中国是海洋大国，管辖海域面积约 300 万平方千米，包括渤海、黄海、东海和南海，跨越暖温带、亚热带、热带 3 个气候带。幅员辽阔的海域上分布有面积大于 500 平方米的岛屿 6 900 余个。大陆海岸线绵延 18 000 千米，分布有鸭绿江、黄河、淮河、长江、闽江、珠江等 1 500 余条入海河流，丰富多样的河口、滨海湿地、海湾、海岛等地形地貌孕育了珊瑚礁、红树林、海草床等典型海洋生态系统。中国海域海水平均深度 961 米，海水最大深度 5 377 米，拥有丰富的海底矿产资源、海洋生物资源、空间资源、港湾资源、海水资源和海洋能资源。

1. 海洋矿产资源丰富多样，海洋能源潜力巨大

首先，我国近海海域内蕴藏着比较丰富的石油、天然气资源。近海海域分布有渤海、北部湾、珠江口、莺琼、南黄海、东海等 6 个大型油气盆地，蕴藏的石油资源量达 275 亿吨、天然气资源量达 10.6 万亿立方米[①]。自 20 世纪 60 年代起，沿海石油、天然气的勘探开发方兴未艾，目前年采油量已超过 2 000 万吨，天然气 10 亿立方米。从我国近海已经发现和圈定的油气构造带上看，基本都具有位置好、面积广、油源近等优点，我国近海油气田储量丰富，开发前景十分广阔[②]。其次，中国海域包括矿种主要有海滨砂矿、海滨土砂石

---

① 刘慧，高新伟. 国家能源安全视角下的海洋油气资源开发战略研究［J］. 理论探讨，2015，(06)：103-106.

② 张裕东. 海域矿产资源型资产产权效率研究［D］. 青岛：中国海洋大学，2013.

以及海滨有色金属、海滨贵金属矿等非金属和金属矿种。现已发现的钛、锆、铍、钨、锡、金、硅和其他稀有金属，分布在辽东半岛、山东半岛、福建、广东、海南和广西沿海以及台湾周围，且台湾和海南尤为丰富。

我国在海洋能利用方面，也取得了很大进展。我国海洋能资源总量30亿千瓦，开发利用潜力极大。我国潮汐电站建设始于20世纪50年代，截至2018年，中国只有8个潮汐电站在正常运行发电，总装机容量为6 000 kW，年发电量约1 000×10^4 kW·h。其中最大的是浙江江厦潮汐试验电站，其采用双向灯泡贯流式水轮发电机组进行双向发电，先后安装了6台机组，单机容量500~700 kW，是世界第三大潮汐电站①。海流（潮流）能、温差能利用处于研发试验阶段；波浪能发电技术研发获得了较快进展，并在沿海航标中获得小规模应用；海洋太阳能利用比较薄弱，仅个别海岛采用了太阳能路灯照明装置；2014年是我国"海上风电元年"，海上风力发电产业自此经历了爆发式增长；虽然我国海上风力发电起步较晚，但是凭借海上风力资源稳定和发电功率大等优点，使我国近年来跟上了欧洲海上风力发电大国的脚步。从海上风力发电机组的设计研发、生产制造、组装调试、直到并网发电，我国已经形成了具有自主技术的产业链。2017年我国海上风电新增装机容量1.16 GW，同比增长96.61%，累计装机容量2.79 GW，同比增长71.17%，位列世界第三。②

2. 海洋生物资源种类繁多，海洋生物产业初具规模

中国海洋生物资源种类繁多，现已记录有物种2.8万余种③。中国的渔场是世界上最重要的渔场之一，年可捕鱼量保持500万吨以上，是发展浅海养殖业和海上牧场，形成具有战略意义食品供应基地的重要资源。科技的发展也带动了海洋生产力的发展。截至2019年，中国贝类养殖总产量已达到1 438万吨，大型藻类养殖产量253多万吨，甲壳类养殖产量达174万吨，海水鱼类养殖产量超过160万吨，海洋水产品总产量达3 282.5万吨④，居世界第一位。我国海洋生物产业已经初具规模，受到政府、企业、科研机构等多方面的重视，产业发展的良好环境已初步形成。目前，全国海洋生物医药产业保持继续增长的态势，2017年实现增加值385亿元，比上年增长11.1%⑤。可以预计未来10~20年海洋新生物产

① 姜钧瀚. 浅谈潮汐发电的环境效益［J］. 写真地理，2019，13.

② 陶世祺. 海上风力发电机组雷电瞬态研究［D］. 北京：北京交通大学，2019.

③ 黄宗国，林茂. 中国海洋物种多样性. 北京：海洋出版社，2012.

④ 2019年全国渔业经济统计公报.

⑤《2017年中国海洋经济统计公报》，http://gc.mnr.gov.cn/201806/t20180619_1798495.html.

业化进程将大大加快，海洋新生物产业将迎来快速发展的黄金时代[①]。

3. 优质港口资源推动港口航运业迅猛发展

我国拥有 1.8 万千米的海岸线，11 万千米的内河航道。海运承担着 50%的国内贸易运输和 90%的国际贸易运输[②]。截至 2018 年，全国拥有生产性码头泊位 23 919 个，其中万吨以上的码头有 2 379 个[③]。我国已形成环渤海经济带、长江三角洲、东南沿海、珠江三角洲及西南沿海地区的五大港口群。近年来，我国港口的发展更多的是将重点放在大型、超大型和专业化泊位的建设上。2010—2015 年，我国 10 万吨级以上泊位年均增长率为 12.65%，5 万~10 万吨级泊位数量年均增长 9.91%[④]。2018 年，全国港口完成外贸货物吞吐量 41.89 亿吨，其中，沿海港口完成 37.44 亿吨，内河港口完成 4.45 亿吨。全国港口完成集装箱吞吐量 2.51 亿 TEU，其中，沿海港口完成 2.22 亿 TEU，内河港口完成 2 909 万 TEU[⑤]。2018 年，港口货物吞吐量世界排名前 10 的港口中，中国占了 7 席，排在第一的是宁波舟山港，排在第二的是上海港，排在第三的是唐山港，广州港排第五，青岛港排第六，苏州港排第七，天津港排第九[⑥]。我国已成为世界上港口货物吞吐量与集装箱吞吐量最多、增长速度最快的国家。

4. 中国海域拥有发展空间极大的旅游资源

中国海域从北到南共跨越近 40 个纬度和温带、亚热带、热带 3 个气候带，滨海地区除海洋物产丰富外，还具备“阳光、沙滩、海水、绿色、美食”等旅游要素。2012 年，我国提出海洋强国战略；2013 年，习近平总书记提出建设 21 世纪海上丝绸之路，这充分说明我国高度重视并积极推动海洋经济的发展。随着滨海旅游基础设施和配套设施的逐渐完善，滨海度假产品也应运而生，滨海旅游逐渐成为带动海洋经济发展的重要产业支柱之一[⑦]。据《2017 年中国海洋经济统计公报》显示，2017 年，我国滨海旅游业的增加值为 14 636 亿元，比上年增长 16.5%，占同年我国主要海洋产业增加值的 46.1%。

---

① “中国海洋工程与科技发展战略研究”海洋生物资源课题组．蓝色海洋生物资源开发战略研究［J］．中国工程科学，2016，18（2）：32-40.

② 国是直通车，https：//v.qq.com/x/page/x08973lr5z4.html.

③ 交通运输部：我国港口货物吞吐量世界第一 前十大港口中国占 7 席，https：//www.sohu.com/a/343346533_800178.

④ 郭翔．全国港口整合持续推进 资源配置加速．珠江水运，2015，（16）：14-15.

⑤ 2018 年我国港口和水运数据出炉，https：//www.sohu.com/a/307632391_241996.

⑥ 交通运输部：我国港口货物吞吐量世界第一 前十大港口中国占 7 席，https：//www.sohu.com/a/343346533_800178.

⑦ 李姗．滨海旅游资源分类与评价研究［D］．曲阜：曲阜师范大学，2016.

二、海洋生态环境状况

近年来，海洋生态环境状况整体稳定，海洋功能区环境状况基本满足使用要求，但是，入海河流水质状况仍不容乐观，近岸局部海域污染依然严重，海洋环境风险依然突出①。

1. 海洋生态环境状况整体稳定，局部问题严重

2019 年，我国海洋生态环境状况整体稳中向好。海水环境质量总体有所改善，符合第一类海水水质标准的海域面积占管辖海域面积的 97.0%；近岸海域优良（一、二类）水质面积比例为 76.6%，同比上升 5.3 个百分点。污染海域主要分布在辽东湾、渤海湾、江苏沿岸、长江口、杭州湾、浙江沿岸、珠江口等近岸海域，主要超标指标为无机氮和活性磷酸盐。沿海各省（自治区、直辖市）中，河北、广西和海南近岸海域水质级别为优，辽宁、山东、江苏和广东近岸海域水质为良好，天津和福建近岸海域水质一般，上海和浙江近岸海域水质极差。与上年相比，天津、江苏和广东近岸海域水质状况有所改善，福建水质状况有所下降。面积大于 100 平方千米的 44 个海湾中，13 个海湾春、夏、秋 3 期监测均出现劣四类水质，主要超标指标为无机氮和活性磷酸盐。

2019 年，对 41 个重要渔业资源产卵场、索饵场、洄游通道以及水产增养殖区、水生生物自然保护区、水产种质资源保护区等重要渔业水域开展了监测，监测面积为 728.9 万公顷。监测结果显示，海洋重要渔业资源的产卵场、索饵场、洄游通道以及水生生物自然保护区水体中主要超标指标为无机氮。海水重点增养殖区水体中主要超标指标为无机氮。国家级水产种质资源保护区（海洋）主要超标指标为无机氮。27 个海洋重要渔业水域沉积物状况良好。

在监测的河口、海湾、滩涂湿地、珊瑚礁、红树林和海草床等海洋生态系统中，3 个海洋生态系统处于健康状态，14 个处于亚健康状态，1 个处于不健康状态，杭州湾持续处于不健康状态。

2018 年，对 89 个海洋保护区开展了监测，其中对 25 个海洋保护区开展了保护对象监测。在监测的保护对象中，沙滩、海岸、基岩海岛及历史遗迹基本保持稳定，活珊瑚覆盖

① 《2017 年中国近岸海域生态环境质量公报》，http：//www.mee.gov.cn/hjzl/shj/jagb/201808/U020180806509888228312.pdf.
《2018 年中国海洋生态环境状况公报》，https：//hbdc.mee.gov.cn/hjyw/201905/W020190529623962003076.pdf.
《2019 年中国海洋生态环境状况公报》，http：//www.luoshan.gov.cn/ueditor/php/upload/file/20200603/1591172038696640.pdf.

度有所降低，贝壳堤面积持续减少。在开展外来入侵物种监测的15个海洋保护区中，均有互花米草分布。

2. 陆源入海污染压力仍较大

《2017年中国海洋生态环境状况公报》显示，全国共有陆源入海污染源9 600余个，其中入海河流700余条，入海排污口7 500余个，排涝泄洪口1 300余个，大量入海排污口设置不合理，有些违反相关法律和海洋功能区划要求设置于海洋保护区、重要滨海湿地和重要渔业水域等生态敏感区域。

2019年，对全国190个入海河流国控断面开展了监测。全国入海河流水质状况总体为轻度污染。主要超标指标为化学需氧量、高锰酸盐指数、总磷、氨氮和五日生化需氧量，部分断面溶解氧、氟化物、石油类、汞、挥发酚和阴离子表面活性剂超标。沿海各省（自治区、直辖市）中，上海入海河流断面水质为优；浙江、福建和海南为良好；辽宁、河北、天津、山东、江苏、广东、广西为轻度污染。

2019年，对448个污水日排放量大于100立方米的直排海工业污染源、生活污染源、综合排污口实施了监测。监测结果显示，448个直排海污染源污水排放总量约为801 089万吨，不同类型污染源中，综合排污口排放污水量最大，其次为工业污染源，生活污染源排放量最小。除镉外，其余各项主要污染物均为综合排污口排放量最大。

四大海区中，受纳污水排放量最多的是东海，其次是南海和黄海，渤海最少。各项主要污染物中，除六价铬、总磷、铅和镉外，东海的受纳量均最大。沿海各省（自治区、直辖市）中，福建直排海污染源污水排放量最大，其次是浙江。

2019年，对全国49个区域开展了海洋垃圾监测，监测内容包括海面漂浮垃圾、海滩垃圾和海底垃圾的种类、数量，对渤海、东海近海断面15个点位开展了海洋微塑料监测。海面漂浮垃圾和海滩垃圾，均以塑料类垃圾数量最多；海底垃圾主要为渔线、塑料绳、塑料碎片和塑料袋等。漂浮微塑料主要为线、纤维和碎片，成分主要为聚乙烯、聚对苯二甲酸乙二醇酯和聚丙烯。

3. 海洋功能区环境基本满足需求

2019年，全国海洋倾倒量19 117万立方米，与上年相比略有下降，倾倒物质主要为清洁疏浚物。开展监测的倾倒区及其周边海域海水水质、沉积物质量均满足海洋功能区环境保护要求。与上年相比，倾倒区水深、海水水质和沉积物质量基本保持稳定，倾倒活动未对周边海域生态环境及其他海上活动产生明显影响。

海洋油气区及邻近海域水质和沉积物质量基本符合海洋功能区环境保护要求。

2019 年游泳季节和旅游时段，对全国 32 个海水浴场开展了监测。水质优良的天数占 76.6%，水质一般的天数占 12.0%，水质较差的天数占 11.4%。大连棒棰岛海水浴场、秦皇岛老虎石浴场、秦皇岛平水桥浴场、烟台第一海水浴场、威海国际泡水浴场、日照海滨国家森林公园海水浴场、深圳小梅沙海水浴场、海口假日海滩海水浴场、三亚大东海浴场和三亚亚龙湾海水浴场等 10 个海水浴场全年水质均为优良。影响浴场水质的主要原因是粪大肠菌群数量超标，个别浴场出现少量漂浮物。

4. 海洋环境风险仍然突出

2019 年，我国海域共发现赤潮 38 次，累计面积 1 991 平方千米。东海海域发现赤潮次数最多且累计面积最大，分别为 31 次和 1 974 平方千米。赤潮高发期主要集中在 5 月。2019 年 4—9 月，黄海南部海域发生浒苔绿潮。2019 年，黄海浒苔绿潮具有持续时间长、分布面积和覆盖面积偏大、整体漂移方向北偏东等特点。浒苔绿潮消亡时间为近 5 年最晚。最大分布面积和最大覆盖面积分别为 55 699 平方千米和 508 平方千米。

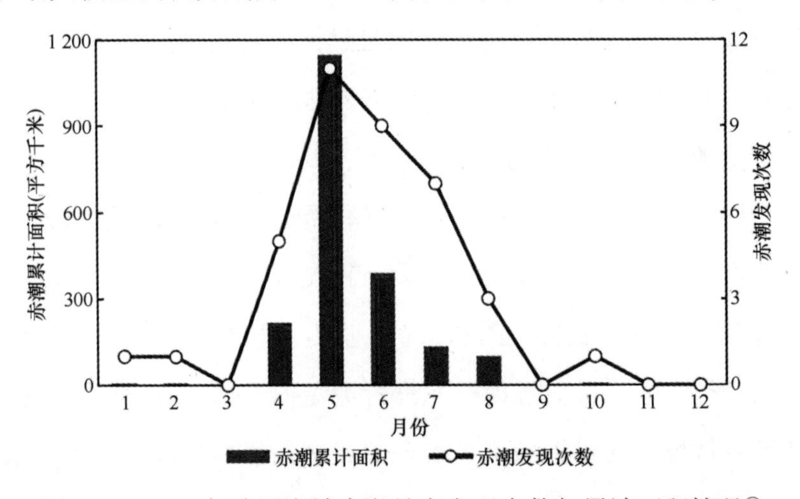

图 1-1　2019 年我国海域赤潮月度发现次数与累计面积情况①

渤海滨海地区海水入侵和土壤盐渍化严重，海水入侵范围基本保持稳定，土壤盐渍化局部地区有加重趋势；黄海、东海和南海滨海地区海水入侵和土壤盐渍化范围较小、程度低，海水入侵局部地区有加重趋势，土壤盐渍化范围基本稳定。海水入侵严重地区主要分

① 《2019 年中国海洋生态环境状况公报》，http：//www. luoshan. gov. cn/ueditor/php/upload/file/20200603/1591172038696640. pdf.

布于渤海滨海平原地区，辽宁盘锦以及河北、山东沿岸海水入侵距离一般距岸 12~25 千米。土壤盐渍化严重地区主要分布于渤海滨海平原，辽宁盘锦、河北唐山和沧州、天津、山东潍坊寒亭监测区盐渍化距离一般距岸 9~25 千米，主要盐渍化类型为硫酸盐型和硫酸盐-氯化物型盐土。

我国海岸侵蚀依然严重。由于开展海岸整治修复和人工护岸修建，砂质海岸侵蚀长度有所减少，但局部海岸侵蚀加重，粉砂淤泥质海岸侵蚀有所减弱。砂质海岸，海南琼海博鳌印象和三亚亚龙湾东侧监测岸段侵蚀严重，2017 年侵蚀速度均超过 6.0 米/年；辽宁绥中、盖州和山东招远宅上村、九龙湾侵蚀海岸长度和侵蚀速度均有所下降，辽宁绥中岸段南江屯附近海岸最大侵蚀距离 13.1 米/年。粉砂淤泥质海岸，江苏振东河闸至射阳河口监测岸段侵蚀严重，最大侵蚀距离 162 米/年。河流输沙减少、风暴潮和不合理海岸工程的影响是造成局部海岸侵蚀的主要原因，此外海平面上升也加剧了海岸侵蚀。

三、面临的压力与挑战

1. 人类活动强度过大

近年来，随着海洋经济的发展，我国沿海地区已经形成了北部、东部和南部三大海洋经济圈，山东、浙江、广东、福建和天津等全国海洋经济发展试点取得成效，辽宁大连金普新区、山东青岛西海岸新区、浙江舟山群岛新区、福建平潭综合试验区、广东南沙新区等相继获批，海洋开发活动不断加大。与此同时，随着人民生活水平的提高，对海洋产品的需求直线上升，在这样的背景下，2011—2017 年全国海水产品产量逐年增加，说明在这期间海洋捕捞的强度加大。沿海省市相继提出了“以港兴省”“以港兴市”的发展战略，而海洋运输业又是港口配套产业，是海洋经济的重要内容，海洋货物吞吐量不断增长，海洋货物周转量也逐年上升，这样大强度的活动对海洋环境施加了很大的压力。

2. 过度的海洋资源开发

为了追逐经济利益，沿海地区纷纷建造养殖池，而建造养殖池会毁坏部分的海滨植物和防护林，大大地降低了海岸的护岸功能。同时，渔民为了增加产量，进行大强度的捕捞，近海过度捕捞现象十分严重，很多近海区域几乎无鱼可捕。随着海洋第三产业的兴起，滨海旅游业愈发火热，很多地方大力发展滨海旅游业，但是在发展过程中，忽略了对环境的保护，一些湿地、沙滩受到毁坏，而要修复这些沙滩和湿地要耗费很长的时间和巨额的费用。

3. 环境污染问题

随着沿海地区人口密度的加大，海洋产业的迅速发展，一系列的污染问题就接踵而至。首先就是海洋运输的船舶污染。船舶污染是指船舶在航行、停港、装卸货物时排放污染物于海洋，这些污染物会降低海水水质、危及鱼类和其他生物，影响其他的海上经济活动等。船舶污染分为排放性和事故性。排放性船舶污染是人类主观刻意地把污染物排入海中，事故性船舶污染是因为不可抗力导致事故发生，船载的物质进入海洋造成污染。

4. 海洋管理体制不健全

影响海洋生态安全问题的因素是多方面的，并且较为复杂，其中人为因素占有很大成分，管理起来有一定的特殊性；我国海洋管理机构分布在省、市、县等各级政府；同时，对海洋进行调控的部门也较多，例如，自然资源部管理海洋资源，交通部门负责海洋航运，滩涂归水利部门管理，环保部门负责海洋环境保护，旅游部门统筹滨海旅游。这样就给海洋开发利用和资源的可持续发展带来了非常大的难度。同时，自然保护区存在管理制度不完善，经费不足，硬件设施有待进一步完善等问题。此外，还缺乏相关科研和管理人才，同时又无完善的学习及培训体系。

第二节　理论基础

一、可持续发展理论

可持续发展是一个广泛的概念。海洋发展的基础是生态的持续性，海洋发展的根本动力是经济的持续性，海洋发展的最终目的是实现社会的持续性①。联合国环境与发展大会基于当今世界环境恶化趋势的一系列考虑，对可持续发展问题进行了讨论，并给出了定义，将“可持续发展”定义为“在满足当代人需求的基础上，又不损害子孙后代，满足其需求能力的发展”，即为维持好经济发展和社会资源与环境保护的协调，在保护人类赖以生存的

① 狄乾斌．海洋经济可持续发展的理论、方法与实证研究［D］．沈阳：辽宁师范大学，2007.

自然资源和环境的前提下，达到发展经济的目的[1]。具体为：①生态的可持续性。海洋生态系统的可持续性主要与各个构成要素的完整程度有关，若海洋生态过程的构成要素不完整，则造成海洋生态系统内部的均衡性和协调性遭到破坏，所以保证生态系统内部各要素的完整性是十分重要的，应该在不影响其完整程度的前提下，协调和解决供求矛盾。②经济的可持续性。海洋经济的可持续性主要取决于经济的协调稳步增长和生态的顺利运转。海洋经济发展协调性是指任何海洋产业均拥有明确的方向，同时又互相作用，存在着千丝万缕的联系。但是各个产业部门应当把整体利益当作根本出发点，不能片面追求自身的经济利益。生态系统的良好运转是指在开发海洋的同时要求注重“低成本、高收益”的原则。③社会的可持续性。海洋是属于全人类的资源，人类在利用海洋资源的同时也不能损害当代人和后代人的利用权力，应当通过控制人口数量和提高人口素质相结合的办法，为社会可持续发展带来持久的保障，真正做到可持续发展[2]。

海洋公园的建设，既要从经济可持续发展和社会进步的实际出发，又要从环境改善和资源永续利用的长远目标考虑，强调代际公平、区际公平以及社会经济发展与人口、资源、环境间的协调性。可持续发展理论为海洋公园的建设与发展提供了坚实的理论指导。

二、生态承载力理论

承载力本来只是一个力学概念，用来指某种物体在被破坏时所承受的力量的临界值。生态学领域中引入“承载力”的概念，是指在特定环境情境中（基本上包含生存空间、营养物质、阳光这些生态因子），某一物种存在的数目上限[3]。随着土地退化面积越来越大、环境污染程度越来越高等原因，承载力的概念被人类学家和生物学家们应用到人类生态学层面。承载力的内涵也随着研究领域的拓展和研究深度的加深变得更加丰富和复杂[4]。当下在经济利益驱动下，资源开发程度日益加深，造成很多资源趋于枯竭，长此以往必定会产生难以估量的损失，因此要适时开发新资源，代替原本的资源，减轻压力。

区域生态承载力具有以下几个特点[5]：①不同地区、不同时期的区域生态承载力是变化波动的。由于地区和时期的不同，会造成资源环境、社会经济以及人类活动存在差异，所

① 林志全．基于可持续发展理论下的温州海洋生态旅游研究［D］．舟山：浙江海洋大学，2016.
② 韩雨汐．中国海洋生态系统可持续发展能力研究［D］．大连：辽宁师范大学，2015.
③ 林志全．基于可持续发展理论下的温州海洋生态旅游研究［D］．舟山：浙江海洋大学，2016.
④ 吕雪松．上海市无居民海岛生态承载力评价［D］．上海：上海海洋大学，2016.
⑤ 王翔．我国区域生态承载力及其驱动因素的动态研究［D］．杭州：浙江工商大学，2017.

以需要从空间和时间上考虑生态承载力的动态变化。②承载主体也包含人类的支持作用。之前对于区域生态承载力的研究往往是将承载主体局限在资源环境等自然因素当中，但实际上人类的社会经济活动并不是独立于整个生态系统的，而是其中的一部分。人类活动既是承载的对象，同时也是承载主体的重要组成部分。③承载对象是整个生态系统的可持续发展，而不仅仅是对人类活动的承载。这一点显而易见，人类社会经济系统是整个地球生态系统的子系统，子系统的可持续发展必须建立在母系统可持续的前提下。④区域生态承载力的最大值不是绝对意义上的最大值，而是在保证可持续发展前提下其潜力充分挖掘的最大值。具体来说需要在资源可再生、环境可恢复等条件下，整个复合生态系统所能提供的理论上的最大承载能力。

海洋公园建设依托生态环境优势，发展旅游业，从区域生态承载力方向考虑，使经济可持续发展所消耗的资源及产生的废弃物，控制在区域环境容纳能力的限值以内。从这个意义上讲，区域生态承载力是生态旅游发展的物质保障和约束前提。

三、生态文明理论

生态文明，是一种以人类与生态环境友好相处为出发点，以人本身的全面发展为落脚点的新时代文明形态。党的十八大报告明确提出“把生态文明建设放在突出地位，融入经济建设、政治建设、文化建设、社会建设各方面和全过程”，首次把生态文明建设摆在总体布局的高度来论述。生态文明的核心要义，可以用“和谐、循环、协同、适度、优先、人文”六个原则来解读。生态文明建设是涉及人与自然环境因素的复杂系统工程。推进我国生态文明建设，既应该全面把握我国当前的基本国情，又应当从人民的根本利益出发，还应当遵循人类文明发展的基本方向。[①]

生态文明的内涵非常丰富，我们应从三个方面去理解：一是人与自然的关系；二是生态文明与工业文明的关系；三是生态文明建设与人类社会发展的关系。生态文明首先体现了人与自然的和谐关系，是科学认知自然、尊重自然发展、顺应自然规律、保护自然生态、合理利用自然资源的文明形式，它反对漠视自然规则、污染破坏自然环境、浪费自然资源的行为和思想，是人类与自然和谐共生的文明。生态文明是人类社会健康发展的重要保障。

我国是一个海陆兼备的大国，海洋是中华民族生存和发展的重要空间和资源宝库。海

① 矫松阳．绿色发展理念与生态文明建设研究［D］．青岛：青岛大学，2018.

洋生态文明作为生态文明的重要组成部分，是一种崭新的、和谐的文明形态，是较之工业文明更加符合自然规律的文明形态，体现的是协调的生态观、平等的文明观和可持续的发展观，是人类社会对海洋世纪的积极回应和奉献。从静态方面看，海洋生态文明是人类在海洋和谐发展上取得的物质和精神成果；从动态方面看，海洋生态文明是人与海洋和谐互动、良性运行、持续发展的文化局面。海洋生态文明，就是构建人海和谐的发展状态，实现海洋环境良好、海洋资源健康、海洋经济发展的良好局面，实现海洋的可持续发展。海洋生态文明涉及生产、生活方式和价值观方方面面的变革，是人类社会不可逆的发展潮流。

海洋生态文明建设是一项长期、复杂的系统工程，要通过不断培育和提高全社会海洋生态文明意识、改变传统落后用海方式和理念、集约高效利用海洋资源、加强海洋科技创新能力、维持海洋生态环境秩序和完善海洋生态管理制度等一整套科学、完整的体系建设来推动完成。

海洋公园建设应当在海洋生态文明理念的指引下，真正做到尊重自然规律，切实保护海洋生态与历史文化价值，发挥其生态旅游功能，通过旅游收入改善当地人民的生活水平，实现保护特殊海洋生态景观、历史文化遗迹、独特地质地貌景观及其周边海域的目标。

第三节　政策与管理背景

一、政策背景

1. 党中央高度重视生态文明建设，为海洋开发与保护指明了大方向

党的十八大报告提出“大力推进生态文明建设”，要优化国土空间开发格局，提高海洋资源开发能力，发展海洋经济，保护海洋生态环境，坚决维护国家海洋权益，建设海洋强国。于海洋而言，提高海洋资源开发能力、大力发展海洋经济是协调区域经济发展格局的必要途径，而同时保护海洋生态环境、建设海洋生态文明也是推进我国生态文明建设和完善生态文明制度的重要组成部分。

党的十九大报告提出“实施区域协调发展战略”，要坚持陆海统筹，加快建设海洋强国；同时提出“加大生态系统保护力度”，要实施重要生态系统保护和修复重大工程，优化生态安全屏障体系，构建生态廊道和生物多样性保护网络，提升生态系统质量和稳定性。

于海洋而言，滨海湿地生态系统介于陆域与海域之间，对陆域发挥着缓解海浪冲刷和海水侵蚀等屏障作用，对海域发挥着降解陆源污染和隔离陆源污染源等作用，而且红树林、珊瑚礁、海草床等典型滨海湿地生态系统也是多种陆海生物的栖息地，对生物多样性保护起着重要作用。

《中华人民共和国国民经济和社会发展第十三个五年规划纲要》继续提出“坚持陆海统筹，发展海洋经济，科学开发海洋资源，保护海洋生态环境，维护海洋权益，建设海洋强国”，要优化海洋产业结构，推动和扶持海洋战略性新兴产业，优化近岸海域空间布局，科学控制开发强度，加强海岸带保护与修复，加强珍稀物种保护等。于海洋而言，国家政策层面再次重申开发海洋与保护海洋，如何在开发与保护中寻求平衡点，做到科学开发与科学保护是当前最重要的命题。

2. 构建海洋保护区网络体系是海洋生态文明建设的重要途径

2018 年 2 月，国家海洋局印发了《全国海洋生态环境保护规划（2017—2020 年）》，提出了“治、用、保、测、控、防”六个方面的工作，即：推进海洋环境治理修复，在重点区域开展系统修复和综合治理，推动海洋生态环境质量趋向好转；构建海洋绿色发展格局，加快建立健全绿色低碳循环发展的现代化经济体系；加强海洋生态保护，全面维护海洋生态系统稳定性和海洋生态服务功能，筑牢海洋生态安全屏障；坚持优化整体布局、强化运行管理、提升整体能力，推动海洋生态环境监测提能增效；强化陆海污染联防联控，实施流域环境和近岸海域污染综合防治；防控海洋生态环境风险，构建“事前防范、事中管控、事后处置”的全过程及多层级风险防范体系。并以此确立了海洋生态文明制度体系基本完善、海洋生态环境质量稳中向好、海洋经济绿色发展水平有效提升、海洋环境监测和风险防范处置能力显著提升等四个方面的目标。在“加强海洋生态保护”部分，突出“保护优先、从严从紧”的导向，推进重点区域、重要生态系统从现有的分散分片保护转向集中成片的面上整体保护，划定守好海洋生态保护红线、健全完善海洋保护区网络、保护海洋生物多样性、保护自然岸线和重要岛礁等。可见，在海洋生态环境保护工作中，保护区的建设仍然是重中之重，而且海洋保护区还要从分散分片的现状向集中化和网络化转变。

其实早在 1992 年，我国就作为缔约国签署了具有法律约束力的《生物多样性公约》（以下简称《公约》）。《公约》第九项“就地保护”条文中提出“每一缔约国应尽可能并酌情建立保护区系统或采取特殊措施以保护生物多样性的地区，制定准则据以选定、建立和管理保护区，管制或管理保护区内外对保护生物多样性至关重要的生物资源”。滨海湿地的生物多样性保护一直是国际生物多样性保护关注的热点，建设和管理滨海湿地类型的保护区是我国履行《公约》的重要工作。

此外，国家海洋局于2010年向世界发布了《海洋保护区宣言》，提出“继续大力推进海洋保护区的建设，努力实现到2015年和2020年分别使海洋保护区面积达到我国管辖海域面积的3%和5%的规划目标，建立起类型多样、布局合理、功能完善、管理有力、保护有效的海洋保护区网络体系；使我国重要海洋生态系统、珍稀濒危物种、海洋自然历史遗迹和自然景观得到有效保护；将继续以人类的智慧善待海洋，以人类的情感关爱海洋，全力构建海洋生态文明，永葆蓝色世界生生不息”。

可见，无论是国内政策层面还是国际履约层面，我国已经基本形成了建设海洋保护区的相关政策体系，既提出了建设海洋保护区的基本原则，也提出了近期建设海洋保护区的目标，建设海洋保护区已成为我国保护自然岸线、改善近岸海域生态环境、存蓄海洋经济发展后备资源、建设海洋生态文明与海洋强国的重要途径。

二、管理背景

我国历来重视海洋环境保护与管理工作，自1963年在渤海海域划定第一个海洋保护区——蛇岛自然保护区以来，截至2017年年底，我国共建立海洋保护区271处，面积121 941平方千米，约占我国管辖海域的4.06%。

1992年，国务院批复了由国家海洋局起草的《海洋特别保护区管理工作方案》，该方案定义了海洋特别保护区的内涵为“根据区域的地理条件、生态环境、生物与非生物资源的特殊性，以及海洋开发利用对区域的特殊需要，而划出的海洋区域；进而根据该区域的特殊性，采取特殊的保护措施和特殊的开发方式，以保证科学、合理、永续地利用该区域的各种海洋资源，发挥海洋资源、环境和空间的最佳综合效益”；指出了海洋特别保护区的宗旨是“在积极推进海洋资源、环境和空间开发的同时，维持海洋自然景观和资源再生产能力，维护海区的良性生态平衡不被破坏并能得到改善，海洋特别保护区与海洋自然保护区的建设目的和管理方式均不相同，海洋特别保护区内的保护，不是单纯保护某一种资源或维护自然生态系统的原始性或现有状态，而是提供科学依据，对所有资源积极地采取综合保护措施，协调各开发利用单位之间及其与某一资源或多项资源的关系，以保证最佳的开发利用秩序和效果”。该宗旨特别强调了海洋特别保护区与海洋自然保护区的不同点。

1995 年，国家海洋局制定了《海洋自然保护区管理办法》，提出“国家海洋行政主管部门负责研究、制定全国海洋自然保护区规划；审查国家级海洋自然保护区建区方案和报告；审批国家级海洋自然保护区总体建设规划；统一管理全国海洋自然保护区工作”。同时，提出“地方级海洋自然保护区建区建议由沿海省、自治区、直辖市海洋管理部门或同级有关部门会同海洋管理部门提出，经沿海省、自治区、直辖市海洋管理部门组织论证审查后，报同级人民政府批准，并报国家海洋行政主管部门备案”。

2005 年，国家海洋局印发了《海洋特别保护区管理暂行办法》，规定了“海洋特别保护区实行海洋保护与开发并重、保护优先”的基本方针。同时规定“国务院海洋行政主管部门负责全国海洋特别保护区的监督管理。沿海地方人民政府海洋行政主管部门具体负责本行政区毗邻海域内海洋特别保护区的建设与管理。国务院海洋行政主管部门依据《全国海洋功能区划》，会同相关的行业主管部门，编制全国海洋特别保护区发展规划，指导沿海地方海洋特别保护区的建设。沿海省级人民政府海洋行政主管部门应当根据全国海洋特别保护区发展规划以及所在地区的海洋功能区划和海洋环境保护规划，制定本地区海洋特别保护区发展规划，经同级人民政府批准后实施”。

2006 年，国家海洋局印发了《关于进一步规范海洋自然保护区内开发活动管理的若干意见》，提出“海洋自然保护区内禁止进行破坏性开发活动，严格控制一般性开发活动，国家级自然保护区属于禁止开发区域；海洋自然保护区内严格控制各类建设项目或开发活动，因重点建设项目确需在保护区实验区内进行开发建设的单位和个人，必须提前一个月向保护区管理机构提交申请，并附建设项目或开发活动基本情况报告、对保护区生态环境影响报告及相应的生态环境保护措施，对保护区生态环境造成影响的应给予一定的生态补偿，用于保护区生态监测和生态恢复”。

2009 年，国家海洋局印发了《关于进一步加强海洋生态保护与建设工作的若干意见》，提出“加快推进海洋保护区网络建设。各级海洋部门应根据近年来海洋调查和生态监测成果，对亟待保护的滨海湿地、红树林、海草床、珊瑚礁、河口、海湾、海岛等重要海洋生态系统分布区域，有目标、有重点、有计划地选划建设一批海洋自然保护区和特别保护区，迅速填补海洋生态保护的空白点，加快构建布局合理、规模适度、类型齐全、管理完善的海洋保护区体系。同时，切实提高已建海洋保护区的管理水平，建立健全规章制度，编制落实总体规划，做好巡护执法，规范开发项目，开展海洋监测、生态恢复和宣传教育，推进海洋保护区升级。各级海洋部门要加强海洋保护区管理机构和队伍建设，加大资金投入，实施绩效评估”。

2014 年，国家海洋局印发《国家级海洋保护区规范化建设与管理指南》，从管护设施、科研监测设施、宣传教育设施等方面对海洋保护区的基础设施提出了规范化要求；从管理机构、人员设置、管理制度、规划编制等方面对海洋保护区的日常管理工作提出了规范化要求；对保护区内的保护活动、开发利用活动、生态恢复活动也提出了明确的禁止类和鼓励类活动名录。

2017 年，国家海洋局印发《关于进一步加强渤海生态环境保护工作的意见》，提出“加快海洋保护区建设，尽快将滦南湿地、莱州湾湿地等重要生态区域选划为海洋保护区。加快建立海洋保护区分类管理制度，抓紧解决机构、人员、经费等瓶颈问题。全面开展保护区内开发活动的专项检查，限期清理违法违规开发利用活动。尽快出台渤海海岛保护名录。推动建立海洋生态保护补偿制度，加大对海洋生态红线区、保护区等重点生态区域工作的支持力度”。

可见，在国家一系列的管理政策下，海洋保护区的建设已经取得了长足的进步，海洋保护区的建设与管理工作对改善海洋生态环境的正面促进作用也正日益显现。2018 年机构改革之后，海洋保护区的管理工作统一纳入国家林业与草原局，与陆域保护区统一管理，希望可以进一步推进海洋保护区的空间管理及陆海统筹问题。

然而，在大力开发海洋资源和建设海洋强国的现实需求下，以及海洋经济粗放发展模式的长期影响下，海洋生态环境保护与管理工作仍然面临诸多问题。如何基于海洋保护区的建设与管理来寻求开发与保护的平衡点是值得深入研究的重要课题。海洋公园，区别于海洋自然保护区的严格保护，既积极推进海洋资源和空间的开发，又积极寻求海洋资源和空间的适度保护，这正是在寻求开发与保护的平衡点，也特别符合我国社会主义初级阶段经济发展仍是第一要务的基本国情。

第二章　我国海洋公园概况

第一节　自然保护地体系

一、IUCN 自然保护地体系

自然保护地实践起源于 19 世纪的美国，其标志性事件是 1872 年美国黄石国家公园的建立，目标是保护那里独特的自然景观、生态系统以及濒危野生动植物。自然保护地的实践对于自然资源保护、生态环境保护和生物多样性维护具有极其重要的意义，是人类可持续发展、人与自然和谐相处的重要手段。①

1994 年，世界自然保护联盟（IUCN）将保护地（Protected Areas）定义为“通过法律或其他有效管理方式，对陆地或海洋等地理空间的生物多样性、自然文化资源等进行有效保护”，以达到长期的自然保育、生态系统服务和文化价值保护的目的。目前，这一定义已经在世界范围内被广泛认可和接受。如今，世界自然保护地体系主要由 IUCN 的世界保护地委员会（The World Commission on Protected Areas，WCPA）和联合国环境计划署世界保护区监测中心（UNEP World Conservation Monitoring Centre）负责协作管理。此外，联合国教科文组织（UNESCO）的世界遗产公约、人与生物圈计划和国际重要湿地公约管理机构也为世界保护地的管理提供支持。通过国际保护地相关组织的协同努力，保护地已成为国际承认的保护自然资源的主要工具。

1994 年出版的 IUCN《保护区管理类型指南》（以下简称《指南》）中，根据自然保护地的主要管理目标、保护严格程度、资源价值和可利用程度等，将全球自然保护地划分

① 陈耀华，黄朝阳．世界自然保护地类型体系研究及启示．中国园林，2019，35（3）：40-45.

为六大类型（表 2-1）。虽然各国对于自然保护地体系的构成要素会根据各国保护对象、保护性质和管理系统的差异有不同的划分方法，但整体上，该《指南》提出的自然保护地分类体系是在全球范围内被广泛接受、认可并应用的。

表 2-1 IUCN 自然保护地管理分类体系①

类型	名称	描述
Ⅰa	严格的自然保护地	这种自然保护地是指受到严格保护的区域，设立的目的是保护生物多样性，亦可能涵盖地质和地貌保护。这些区域中，人类活动、资源利用和影响受到严格控制，以确保其保护价值不受影响。这些自然保护地在科学研究和监测中发挥着不可或缺的参考价值
Ⅰb	荒野保护地	这种自然保护地通常是指大部分保留原貌，或仅有些微小变动的区域，保存了其自然特征和影响，没有永久性或者明显的人类居住痕迹。对其保护和管理是为了保持其自然原貌
Ⅱ	国家公园	这种自然保护地是指大面积的自然或接近自然的区域，重点是保护大面积完整的自然生态系统。设立的目的是保护大尺度的生态过程以及相关的物种和生态系统特性。这些自然保护地提供了环境和文化兼容的精神享受和科研、教育、游憩、参观的机会
Ⅲ	自然文化遗迹或地貌	这种自然保护地是指为保护某一特别自然历史遗迹所特设的区域，可能是地形地貌、海山、海底洞穴，也可能是洞穴甚至是古老的小树林这样依然存活的地质形态。这些区域通常面积较小，但通常具有较高的参观价值
Ⅳ	栖息地/物种管理区	这种自然保护地主要用来保护某类物种或栖息地，在管理工作中也体现这种优先性。第Ⅳ类自然保护地需要进行经常性的、积极的干预工作，以满足某种物种或维持栖息地的需要，但这并非该类型必须满足的
Ⅴ	陆地景观/海洋景观自然保护地	这种自然保护地是指人类和自然长期相处所产生的特点鲜明的区域，具有重要的生态、生物、文化和景观价值。对双方和谐相处状态的完整保护，对于保护该区域并维护其长远发展、本地自然保护和其他价值都至关重要
Ⅵ	自然资源可持续利用自然保护地	这种自然保护地是指为了保护生态系统和栖息地、文化价值及传统自然资源管理系统而设的区域。这些自然保护地通常面积庞大，大部分地区处于自然状态，其中一部分处于可持续自然资源管理利用之中，且该区域的主要目标是保证自然资源的低水平非工业利用与自然保护互相兼容

① 朱春全. IUCN 自然保护地管理分类与管理目标［J］. 林业建设，2018，203（05）：24-31.

二、不同国家的自然保护地体系

各国在对保护地进行分类时，根据本国的资源和文化特色，采用不同的分类标准，构建了类型多样、分类复杂、符合自身国情特点的保护地分类体系。这些分类标准具有明显差异，表现在保护对象、保护目标、等级层次、法律依据、管理主体和地理权属等方面。其中，美国根据保护对象的不同，将保护地划分为八大系统，包括国家公园系统、国家森林系统（含国家草原）、国家野生动物庇护系统、国家景观保护系统、国家海洋保护区系统、国家荒野地保护系统、国家原野与风景河流系统和生物圈保护地区（国际性保护地），同时各分类系统下又进一步设有不同的细分类别，最终形成包括32类（含国际保护地类型）保护地在内的自然保护地体系。澳大利亚根据管理主体的不同，将保护地划分为由联邦政府管理、州/领地政府管理以及非政府组织和私人组织管理的共计33种（含国际保护地类型）保护地类型；澳大利亚将其保护地体系中的“保护区”细分为保存保护区、森林保护区、运动保护区、历史保护区、狩猎保护区和喀斯特保护区等小类。巴西根据保护目标的不同，将保护地划分为两大类型，包括进行严格保护的“完全保护类保护地”以及保护与利用并举的“可持续利用类保护地”，在这两大保护地类型的基础上，又按照保护对象和保护目标分别下设了5种和7种细分类别，形成共计12类保护地的自然保护地体系。英国根据保护地等级层次，将保护地划分为国际级别、欧洲级别、英国国家级别（UK）和英国成员国级别（Sub-UK）4个等级，共计36类（含国际保护地类型）保护地，其中，国际级别和欧洲级别的保护地均以生物多样性和生态系统保护为目标；国家级别和成员国级别的保护地多以景观保护、公众游憩为目的；虽然从国际级别、欧洲级别到英国国内级别的保护地，其保护内容的重要性和保护力度逐级下降，但国家级别与成员国级别2类保护地的保护强度没有高低之分。西班牙根据法律框架的约束和保护，将保护地划分为三大类别，包括受西班牙立法保护的自然保护地、由自然2000计划确立的自然保护地网络以及由国际组织（不包括自然2000计划）确定的保护区，这三大类别又根据保护对象的不同细分为不同小类，形成共计15类（含国际保护地类型）保护地的自然保护地体系。

但不管各国采用何种保护地分类标准，形成怎样的保护地分类体系，其构建保护地的出发点均是一致的，即保护自然生态环境、维护生物多样性，以达到永续利用和可持续发展的目的。

三、海洋保护区

当前在世界范围内，关于海洋保护区的含义，各国的理解各有不同。世界自然保护联盟（IUCN）是国际社会上普遍认可的全球最大且历史最为久远的自然保护组织，其在1994年对海洋保护区做出了定义："任何通过法律程序或其他有效方式建立的，对其中部分或全部环境进行封闭保护的潮间带或潮下带陆架区域，包含其上覆水体及相关的动植物群落、历史及文化属性。"该定义包含所有符合IUCN保护目标的各种类型及不同规模的海洋保护区，为各国建设海洋保护区提供了理论基础。

由于世界范围内，不同国家和地区在经济、社会、文化等各方面存在着差异，对海洋保护区的理解和定义不同，因而对其命名也不同，如海洋自然保护区、海洋庇护区、野生生物庇护区、渔业庇护区、禁渔区、生态保留区、海洋管理区以及海洋公园等。

一般来说，根据保护程度的差异，可以分为严格的海洋保护区和综合的海洋保护区两类，严格的海洋保护区禁止任何资源开采以及破坏生态环境的活动；综合的海洋保护区在不违背其管理目标的前提下，可以进行合理的开发和娱乐活动。根据用途及利用方式的不同，可以分为用于保护生态环境的海洋保护区、用于保护濒危物种的海洋保护区、用于渔业资源恢复与管理的海洋保护区、用于保护生物多样性的海洋保护区和用于科学研究的海洋保护区。由于各国对海洋保护区的分类标准不统一，海洋保护区治理目标对应的管理方式也存在差异。[①]

设立海洋保护区的主要作用体现在以下4个方面：

（1）建设海洋保护区有利于维护生物多样性、促进海洋生态文明

海洋占地球的面积最大，其生态系统的平衡对人类社会有着深远的影响。建设海洋保护区的目的是保护濒危物种，使海洋生态环境能够可持续地健康发展。通过建设海洋保护区，有意识地减少人类活动对海洋自然群落和生物链的干扰，恢复并维持原有的海洋生态系统，保护海草床、红树林和珊瑚礁等生物生活的地域环境，使面临威胁的海洋物种得以生存。

---

① 于凤．海洋保护区管理研究——以普陀中街山列岛海洋特别保护区为实证［D］．舟山：浙江海洋大学，2018.

（2）建设海洋保护区有利于建设海洋科研基地

海洋生态系统是动态变化的，与外界存在着物质与能量的交换，因此容易受到海浪、台风等自然因素和船舶溢油、陆源污染等人为因素的破坏。但在不同时空下、不同因素同时影响下，很难严格区分自然因素还是人为因素，通过控制海洋保护区内人类的活动，并借助一定的指标来评估一些复杂变化的影响程度，从而找出根本原因，做出更高效科学的决策。

（3）建设海洋保护区有利于构建海洋教育平台

建设和管理海洋保护区的过程一定会波及许多利益相关者，如政府部门、研究机构、私营企业、保护区的管理人员、专家顾问、媒体、保护区周边的居民、流动渔民和游客等，在共同参与海洋保护区管理的同时，极大地增强了不同群体的海洋意识。同时，对前来欣赏保护区内自然风光、海洋生物和海洋景观的游客进行海洋类的科普教育，在激发公众海洋文化认同感的同时，增强海洋保护意识。

（4）建设海洋保护区可以促进海洋经济的发展

海洋经济与社会的发展紧密联系。在向海洋保护区的建设中投入人力、物力和财力的同时，海洋保护区的发展也需要依靠海洋经济的发展作为依托。自然景观保护区是滨海旅游业发展的良好场所，多样的海洋物种成为海洋生物制药的重要资源，同时，海洋保护区在特定范围内限制捕捞等过度开发活动，可以有效保护稀有物种的产卵密度，从而促进渔业的稳定发展。

第二节　海洋公园概念与特征

1994年，世界自然保护联盟（IUCN）根据不同国家的保护地保护管理实践，将各国的保护地体系总结为6类，国家海洋公园兼具第II类国家公园和第V类保护性海洋景观区的双重特性。由于地理区位、生态环境以及社会经济发展的差异，各个国家和地区的海洋公园的名称也有所不同，如：加拿大、阿根廷、日本、泰国、菲律宾、柬埔寨等称为国家海洋公园（National Marine Park），台湾地区等称为海洋国家公园（Marine National Park），美国称为国家海滨公园（National Seashore Park）、国家海岸公园（National Coast Park），加拿大称为国家海洋保护区（National Marine Sanctuary），而澳大利亚称为海洋公园（Marine Park）。

中国的国家级海洋公园属于自然公园体系。根据《中华人民共和国海洋环境保护法》、国家海洋局《海洋特别保护区管理办法》规定，国家级海洋公园可以定义为：中央政府对具有重大海洋生态保护、生态旅游、重要资源开发价值以及涉及维护国家海洋权益的，为保护海洋生态与历史文化价值，发挥其生态旅游功能，在特殊海洋生态景观、历史文化遗迹、独特地质地貌景观及其周边海域划定的区域，采取有效的保护措施和科学的开发方式进行特殊管理。

一、海洋公园与国家公园

在我国，海洋公园与国家公园是两个不同的概念。

1. 海洋公园

在我国，海洋公园作为海洋保护区的一个类别正式出现是在 2011 年。2011 年 5 月 19 日，国家海洋局发布了新建 7 处国家级海洋公园名单，这是我国首批国家级海洋公园。海洋公园的出现丰富了海洋特别保护区的内涵。海洋特别保护区，是有别于海洋自然保护区的一种海洋保护区。我们知道，海洋自然保护区是指“以海洋自然环境和资源保护为目的，依法把包括保护对象在内的一定面积的海岸、河口、岛屿、湿地或海域划分出来，进行特殊保护和管理的区域”；海洋特别保护区则是指“具有特殊地理条件、生态系统、生物与非生物资源及海洋开发利用特殊要求，需要采取有效的保护措施和科学的开发方式进行特殊管理的区域”。

海洋特别保护区又分为海洋特殊地理条件保护区、海洋公园、海洋生态保护区和海洋资源保护区，其中“为保护海洋生态与历史文化价值，发挥其生态旅游功能，在特殊海洋生态景观、历史文化遗迹、独特地质地貌景观及其周边海域建立海洋公园”，并且符合一定指标的海洋公园经评审可成为国家级海洋公园。海洋公园是海洋特别保护区的一种类型，侧重建立海洋生态保护与海洋旅游开发相协调的管理方式，在生态保护的基础上，合理发挥特定海域的生态旅游功能，从而实现生态环境效益与经济社会效益的双赢。

2019 年中共中央办公厅、国务院办公厅印发的《关于建立以国家公园为主体的自然保护地体系的指导意见》将自然保护地按生态价值和保护强度高低依次分为 3 类，即国家公园、自然保护区、自然公园。海洋公园归并到自然公园，强调有效的保护和科学的开发相结合，注重其生态旅游功能。

2. 国家公园

世界自然保护联盟（IUCN）第十届全会把国家公园定义为：“一个国家公园，是这样一片较大范围的区域，其拥有一个或多个生态系统，一般情况下没有或很少受到人类的占据及开发等影响，区域内的物种具有教育的、科学的或游憩的特殊作用，抑或区域内存在着含有高度美学价值的自然景观；国家最高管理机构在整个区域范围内一旦有可能就采取措施禁止人们的占据及开发等活动，并切实尊重这里的生态、地貌及美学实体，以此证明国家公园的建立；到此观光须得到批准，并以教育、游憩及文化陶冶等为目的。”[①] 根据IUCN的规定，国家公园是指为了保护区域内的环境系统，使社会大众能够得到自然和文化的精神愉悦，增加为民众提供休憩娱乐的机会而开发的区域，这样的规定凸显了国家公园的生态环境保护的首要目标，明确了国家公园的科研、教育和游憩等社会服务功能[②]。1994年，IUCN出版的《自然保护地管理类型指南》，根据主要管理目标将自然保护地分为6类（表2-1）。2013年新修订的指南将国家公园进一步表述为“大面积的自然或接近自然的区域，用以保护大尺度生态过程以及这一区域的物种和生态系统特征，同时提供与其环境和文化相容的精神享受、科学、教育、娱乐和参观的机会”[③]。

在我国，自2013年提出建立国家公园体制以来，国家公园建设进程逐渐加快。2017年9月出台的《建立国家公园体制总体方案》指出，国家公园是指由国家批准设立并主导管理，边界清晰，以保护具有国家代表性的大面积自然生态系统为主要目的，实现自然资源科学保护和合理利用的特定陆地或海洋区域。这一界定树立了我国国家公园生态保护第一的发展理念[④]。2018年，国家林业和草原局发布的林业行业标准《国家公园功能分区规范》（LY/T2933-2018）将国家公园定义为，“由国家批准设立并主导管理，以保护具有国家代表性的大面积自然生态系统为主要目的，实现自然资源科学保护和合理利用的特定陆地或海洋区域。其首要功能是重要自然生态系统的原真性、完整性保护，兼具科研、教育、游憩等综合功能”。《国家公园功能分区规范》（LY/T2933-2018）对国家公园的定义与《建立国家公园体制总体方案》基本一致，明确了国家公园为国家批准设立并主导管理的特定区域，强调了建立国家公园的主要目的，提出了国家公园的首要功能及综合功能。

---

① 王恒．国家海洋公园建设与保护研究［D］．大连：辽宁师范大学，2011.

② 孙政磊．国家公园管理法律制度研究［D］．保定：河北大学，2018.

③ DUDLEY N. Guidelines for Applying IUCN Protected Area Categories［M］. Gland，Switzerland：IUCN，2013.

④ 师慧．我国国家公园体制的构建研究［D］．兰州：西北民族大学，2016.

《建立国家公园体制总体方案》明确提出了“生态保护第一、国家代表性、全民公益性”的国家公园理念。“生态保护第一”体现了自然保护是国家公园的本质属性，明确了建立国家公园的目的是保护自然生态的原真性、完整性，始终突出自然生态系统的严格保护、整体保护、系统保护，把最应该保护的地方保护起来。国家公园坚持世代传承，给子孙后代留下珍贵的自然遗产。“国家代表性”不仅体现了国家公园设置的资源要求，而且体现了国家公园在自然保护地体系中的重要地位。国家公园既具有极其重要的自然生态系统，又拥有独特的自然景观和丰富的科学内涵，国民认同度高。国家公园以国家利益为主导，坚持国家所有，具有国家象征，代表国家形象，彰显中华文明。“全民公益性”是国家公园的基本属性之一，也是设立国家公园的重要目的。国家公园坚持全民共享，着眼于提升生态系统服务功能，开展自然环境教育，为公众提供亲近自然、体验自然、了解自然以及作为国民福利的游憩机会。旨在鼓励公众参与，调动全民积极性，激发自然保护意识，增强民族自豪感①。国家公园的这三大特点——“生态保护第一、国家代表性、全民公益性”，也是有别于其他类型保护地（包括海洋公园）的重要表现。

二、海洋公园的作用与意义

海洋公园作为一种新的资源利用方式，在海洋生态环境与资源保护、经济发展与科普教育等方面显现出巨大的综合效益。主要表现在以下几个方面。

1. 社会效益

（1）有助于提高民众保护海洋生态环境的意识

通过海洋公园的品牌所传递的理念和知名度，使社会各界、外来游客逐步认识到保护海洋生态环境与旅游景观资源的重要性，唤起越来越多的民众参与到保护活动中来，逐步形成爱护海洋生态环境、爱护人文历史遗迹和地质地貌景观的良好社会风气。通过海洋公园建设，使公民逐渐认识到特殊海洋生态环境和海洋旅游景观资源存在的意义和所带来的经济效益，提高公民保护这些资源的自觉性。

---

① 唐芳林，王梦君，李云，等．中国国家公园研究进展［J］．北京林业大学学报（社会科学版），2018，17（3）：17–27.

（2）有助于普及海洋科学知识，提高公民文化素质

建设海洋公园，可以吸纳更多的公众参与进来，让他们了解海洋，认识到海洋生态环境的脆弱性和资源的不可再生性，最终树立尊重自然和爱护自然的价值观。海洋公园不但为公众提供游览休闲的场所，还为公众提供了学习海洋科学知识的园地，必将受到游客和当地市民的欢迎。通过建立海洋公园，使旅游景区科学品位得到了有力提升；科普教育和海洋科学研究逐步推进，海洋公园成为海洋意识科普教育的重要场所，在海洋意识科学普及方面将发挥重要作用。

（3）成为科学研究和环境教育的重要场所

海洋公园也为科学研究提供了必要的场所，其中独特的原生态环境、多样性的海洋生物、罕见的地质遗迹和饱经沧桑的历史遗存等，都将成为重要的研究资料和场所。科学研究是海洋公园的重要职能之一，其科研成果不仅能丰富和推进我国的海洋科学研究，而且还可以把相关研究成果及时融入公园的建设和管理中去，充分发挥海洋科学研究对公园的科技支撑作用。

2. 经济效益

（1）有利于优化经济结构，促进经济可持续发展

随着经济持续快速发展，人民生活水平不断提高，大众消费理念正发生着巨大变化，旅游休闲度假消费需求呈快速上升态势。海洋公园将成为一张新的亮丽名片，区域内的海洋生态、自然景观和人文资源的潜在价值将随着海洋公园的建设得到充分的发挥，可优化经济结构，成为经济新的增长点。同时，海洋公园的建立，可改善周边社区居民的生产、生活条件，促进居民就业，提高社区群众的生活水平和生活质量。

（2）将成为生态旅游新的目的地

海洋公园自然生态特征突出，生物多样性丰富，是开展生态旅游和休闲度假的理想目的地。海洋公园具备了生态旅游目的地的特征，即：基本无干扰或少干扰的自然区域；旅游影响最小化；建立环境意识；直接或间接贡献于目的地的环境保护；真实性、伦理性的经营理念以及实现生态旅游地发展的可持续性等。海洋公园以其优美的自然生态环境而成为生态旅游新的目的地。

3. 生态效益

（1）有利于保护海洋生态环境和自然资源

建立海洋公园，有利于保护海洋生态环境，提升海洋生态价值。建立海洋公园是现有海洋自然保护区的重要补充，有助于保护好选划区不可再生的沙滩资源、旅游景观资源、人文历史遗迹资源等。

（2）有助于保护和恢复区域生物多样性，构建完善的生态网络

作为海洋生态资源分布较为典型地区之一，海洋公园对海洋、海岸生态安全和生物多样性保护起着至关重要的作用。在海洋公园建设过程中，将采取生态保护和恢复工程等措施，逐步改善和提高现有生态环境质量，恢复和扩大生物栖息地、觅食地，保护和恢复生物多样性，使海洋生态系统服务功能得到更好的发挥，从而保障区域海洋、海岸的生态安全。

综上所述，建立海洋公园主要是为了保护区域内海洋生态环境与历史文化价值，发挥其生态旅游功能。公园建设的社会效益、经济效益、生态效益都非常显著。

第三节　我国海洋公园的分布

2000 年 4 月起施行的《中华人民共和国海洋环境保护法》中提出建立海洋特别保护区，目的是对具有独特地理生态条件、资源及海洋开发利用特殊需要的区域，实行科学有效的保护和管理。海洋公园是海洋特别保护区的一种类型，国家海洋局于 2011 年认定首批国家级海洋公园，至今我国已建立国家级海洋公园达 48 处，主要分布在辽宁省、河北省、山东省、江苏省、浙江省、福建省、广东省、广西壮族自治区和海南省，其中辽宁省 10 个，河北省 1 个，山东省 11 个，江苏省 3 个，浙江省 6 个，福建省 7 个，广东省 6 个，广西壮族自治区 2 个，海南省 2 个。

48 处海洋公园中，面积最大的海洋公园为浙江嵊泗国家级海洋公园（54 900 公顷），面积最小的海洋公园为福建城洲岛国家级海洋公园（约 230 公顷）。

海洋公园的保护对象是多样化的，涉及岛屿、滩涂、海湾、沙滩等自然地形地貌保护类型，也包括珊瑚礁、河口等典型海洋生态系统保护类型，还涉及沿海城市滨海区域的整体性保护。我国海洋公园基本信息见表 2-2。

表 2-2　中国已建国家级海洋公园概况一览表

序号	省份名称	海洋公园名称	地理位置	面积（公顷）	主要保护对象	功能分区概况	批准建立时间	备注
1	辽宁省	辽河口红海滩国家级海洋公园	位于辽宁省盘锦市辽河口，西临锦州凌海市	31 639.01	河口滨海湿地生态系统及翅碱蓬生态环境	重点保护区 2 657.93 公顷，生态与资源恢复区 17 147.3 公顷，适度利用区 11 833.78 公顷	2017 年	辽宁盘锦鸳鸯沟国家级海洋公园范围调整并更名
2		辽宁绥中碣石国家级海洋公园	辽宁省绥中县，地理坐标介于 39° 54′—40° 03′ N、119°52′—120°02′E 之间	14 634.00	岩礁生态系统、原生沙质海岸和岛礁景观以及海洋生物多样性	重点保护区 1 118 公顷，生态与资源恢复区 5 303 公顷，适度利用区 5 421公顷，预留区 2 792 公顷	2014 年	
3		辽宁觉华岛国家级海洋公园	辽宁省葫芦岛市兴城市，地理坐标介于 40°26′—40°33′N、120°45′—120°52′E 之间	10 249.00	磨盘山天桥贝壳滩、龙脖子与怪石崖海蚀地貌、龙头古城遗址、八角琉璃井与大碑阁碑石历史遗迹、菲律宾蛤仔种质资源	重点保护区 664.8 公顷，生态与资源恢复区 2 762.0 公顷，适度利用区 3 995.8 公顷，预留区 2 826.4 公顷	2014 年	
4		辽宁大连长山群岛国家级海洋公园	辽宁省大连市长海县，地理坐标介于 39°08′—39°18′N、122°17′—122°49′E 之间	51 939.01	大长山、小长山和广鹿岛及其周边海岛的海洋生态系统	重点保护区 16 097.1 公顷，生态与资源恢复区 418.78 公顷，适度利用区 30 560.9 公顷，预留区 4 862.23 公顷	2014 年	

续表

序号	省份名称	海洋公园名称	地理位置	面积（公顷）	主要保护对象	功能分区概况	批准建立时间	备注
5	辽宁省	辽宁大连金石滩国家级海洋公园	辽宁省大连市东北部金普新区。陆地范围西起鲨鱼嘴、东至青云河口，南起十里黄金海岸，北至唐石砬山，东、西、南三面临海。地理坐标在 39° 02′—39° 08′ N，121°57′—122°04′E 之间	11 000. 00	沙滩资源、独特的海蚀地貌景观	重点保护区 1 212 公顷，生态与资源恢复区 1 494 公顷，适度利用区 3 154公顷，预留区 5 140 公顷	2014 年	
6		辽宁团山国家级海洋公园	辽宁省营口市北海新区，地理坐标介于 40° 23′—40°25′N、122°11′—122°13′E 之间	446. 68	海蚀地貌景观、海岸及海洋生态系统	重点保护区 159. 10 公顷，生态与资源恢复区 215. 41 公顷，适度利用区 72. 17 公顷	2014 年	
7		辽宁大连仙浴湾国家级海洋公园	辽东半岛西南侧，大连市瓦房店市西部滨海区的仙浴湾镇。地理坐标在 39° 39′—39°43′N，121°26′—121°34′E 之间	4 391	湿地、海岛、沙滩及周围海域的生态系统及生物多样性	重点保护区 140 公顷，生态与资源恢复区 2 191 公顷，适度利用区 818 公顷，预留区 1 242 公顷	2016 年	
8		大连星海湾国家级海洋公园	大连市中心区南端，地理坐标在 38° 50′—38° 53′ N、121°32′—121°37′E 之间	2 540. 1	地质地貌景观、沙滩、海岸、海岛及生物资源	重点保护区 147. 2 公顷、生态与资源恢复区 1 255. 4 公顷、适度利用区 1 137. 5 公顷	2016 年	

续表

序号	省份名称	海洋公园名称	地理位置	面积（公顷）	主要保护对象	功能分区概况	批准建立时间	备注
9	辽宁省	辽宁凌海大凌河口国家级海洋公园	辽宁省凌海市大凌河河口，东邻盘锦市盘山县	3 149.97	河口生态系统	重点保护区 942.61 公顷，生态与资源恢复区 908.58 公顷，适度利用区 1 298.78 公顷	2017 年	
10		辽宁锦州大笔架山国家级海洋公园	位于辽宁省锦州市南，西邻葫芦岛市	12 217.69	大笔架山天桥陆连堤、动力环境及生态环境	重点保护区 625.27 公顷，生态与资源恢复区 7 300.17 公顷，适度利用区 4 292.25 公顷	2017 年	辽宁锦州大笔架山国家级海洋特别保护区调整范围
11	河北省	北戴河国家级海洋公园	位于河北省秦皇岛市北戴河区，渤海西岸	10 215	海蚀地貌	重点保护区 2 799 公顷，生态与资源恢复区 1 167 公顷，适度利用区 6 249公顷	2017 年	
12	山东省	刘公岛国家级海洋公园	地处威海市环翠区，是威海市政治、经济、文化和科技中心	3 828	刘公岛岛上历史遗迹以及刘公岛日岛的自然岸线	重点保护区、适度利用区、预留区和生态与资源恢复区	2011 年	
13		山东日照国家级海洋公园	位于日照市北部，濒临黄海，地理坐标介于 35°23′—35°34′N、119°32′—119°45′E 之间	27 327	潟湖、河口湿地、沙滩、岩礁岛屿、滨海防护林、森林公园、人工鱼礁及种质资源保护区等多种生态类型与景观	重点保护区 5 443 公顷，生态与资源恢复区 4 943 公顷，适度利用区 16 941公顷	2011 年	北起两城河口，南到灯塔广场，西到北沿海路，东至离高潮线 6 海里以内的海域范围

续表

序号	省份名称	海洋公园名称	地理位置	面积（公顷）	主要保护对象	功能分区概况	批准建立时间	备注
14	山东省	山东大乳山国家级海洋公园	山东省乳山市南部，海洋公园北起乳山口湾，南至浦岛，行政区域属山东省乳山市。地理坐标介于36°43′—36°47′N、121°28′—121°34′E之间	4 838. 68	沙滩、湿地、自然岩礁及生态系统	重点保护区620. 67公顷，生态与资源恢复区1 951. 30公顷，适度利用区2 266. 71公顷	2012年	
15		山东长岛国家级海洋公园	山东省烟台市长岛县北长山乡，地理坐标介于37°57′—38°00′N、120°40′—120°44′E之间	1 126. 47	原始的自然岸线、独特地质地貌、珍稀海洋生物，国家二级保护动物——斑海豹，自然球石海滩	重点保护区270. 44公顷，生态与资源恢复区168. 51公顷，适度利用区687. 52公顷	2012年	
16		山东烟台山国家级海洋公园	山东省烟台市芝罘区和莱山区，是芝罘湾和四十里湾的纽带区域。地理坐标介于37° 30′—37° 33′ N、121°23′—121°27′E之间	1 247. 99	滨海自然景观、人文历史景观遗迹和典型海洋生态系统	重点保护区451. 41公顷，生态与资源恢复区290. 47公顷，适度利用区506. 11公顷	2014年	

续表

序号	省份名称	海洋公园名称	地理位置	面积（公顷）	主要保护对象	功能分区概况	批准建立时间	备注
17	山东省	山东蓬莱国家级海洋公园	胶东半岛北端，庙岛海峡的南侧，东接烟台经济开发区，西邻龙口，南靠栖霞，北濒渤、黄海，地理坐标介于37°25′—37°50′N、120°35′—121°09′E之间	6 829.87	海洋生物多样性、建立生态型开发利用模式	重点保护区2 130.5公顷，生态与资源恢复区1 389.89公顷，适度利用区3 309.48公顷	2014年	
18		山东招远砂质黄金海岸国家级海洋公园	山东省烟台市招远市辛庄镇西北部海滨，地理坐标介于37° 28′—37° 32′ N、120°08′—120°14′E之间	2 699.94	海岸带生态系统和海洋生物资源	重点保护区816.08公顷，生态与资源恢复区970.24公顷，适度利用区913.62公顷	2014年	
19		山东青岛西海岸国家级海洋公园	山东省青岛市西海岸经济新区，东起薛家岛街道办事处，沿海岸线向西一直延伸到琅琊镇，地理坐标介于35° 35′—36° 00′ N、119°51′—120°18′E之间	45 855.35	珍贵的活化石——文昌鱼和野生刺参、皱纹盘鲍等海珍品生态环境以及海砂资源	重点保护区14 763.38公顷，生态与资源恢复区10 992.44公顷，适度利用区20 099.53公顷	2014年	

续表

序号	省份名称	海洋公园名称	地理位置	面积（公顷）	主要保护对象	功能分区概况	批准建立时间	备注
20	山东省	山东威海海西头国家级海洋公园	山东省威海市经济技术开发区泊于镇茅子草口至逍遥河之间海域。地理坐标介于 37° 23′—37° 26′ N、122°21′—122°25′E 之间	1 274. 33	滨海湿地、近海海域海洋生态环境	重点保护区 371. 12 公顷，生态与资源恢复区 381. 01 公顷，适度利用区 522. 2 公顷	2014 年	
21	山东省	山东烟台莱山国家级海洋公园	山东省烟台市莱山区，是芝罘湾和四十里湾的纽带区域，西邻全国最大、最典型的陆连岛芝罘岛。地理坐标介于 37° 28′—37° 30′ N、121° 27′—121° 29′E 之间	581. 33	河口湿地砂质海岸以及珍稀海洋生物和生物多样性	重点保护区 181. 22 公顷，生态与资源恢复区 202. 50 公顷，适度利用区 197. 61 公顷	2016 年	
22	山东省	青岛胶州湾国家级海洋公园	山东省青岛市胶州湾中北部，范围覆盖胶州湾内港口航运区以北的大部分区域	20 011	胶州湾保护控制线内的湾北部湿地与大沽河口湿地，包括其面积及环境质量	重点保护区 5 585 公顷，生态与资源恢复区 3 116 公顷，适度利用区 11 310公顷	2016 年	

续表

序号	省份名称	海洋公园名称	地理位置	面积（公顷）	主要保护对象	功能分区概况	批准建立时间	备注
23	江苏省	江苏连云港海州湾国家级海洋公园	位于江苏省连云港市海州湾海域	51 455	独特的基岩海岛、典型的海岸带地貌、独特的海湾生态系统等	重点保护区、生态与资源恢复区、适度利用区、预留区	2011 年	
24		江苏小洋口国家级海洋公园	江苏省如东县内洋口镇近岸，北起如东县与东台市的交界处，向南一直延伸到长沙港地区，东西沿海滨方向长约 10 km，南北向海延伸约 10 km。地理坐标位于 32°04′—32°09′N、120°07′—121°05′E 之间	4 700. 29	滩涂湿地生态系统和珍稀濒危鸟类资源	重点保护区 2 124. 91 公顷，生态与资源恢复区 1 308. 21 公顷，适度利用区 1 267. 17 公顷	2012 年	
25		江苏海门蛎岈山国家级海洋公园	江苏省海门市东灶港闸东北约 4 海里，范围西至东灶港 2 万吨级通用码头栈桥，北至小庙洪水道，南至海堤，东至海门市和启东市的海域分界线	1 545. 91	牡蛎礁及其生境	重点保护区 169. 030 公顷，生态与资源恢复区 643. 775 公顷，适度利用区 733. 103 公顷	2012 年	

续表

序号	省份名称	海洋公园名称	地理位置	面积（公顷）	主要保护对象	功能分区概况	批准建立时间	备注
26	浙江省	浙江洞头国家级海洋公园	浙江省洞头县，范围介于27°41′—28°01′N、121°03′—121°17′E之间	31 104.09	海洋地质地貌景观、海岸带生物、海洋鸟类资源以及历史文化遗迹、海岛民俗等	重点保护区1 998.19公顷，生态与资源恢复区23 703.36公顷，适度利用区4 342.26公顷，预留区1 060.28公顷	2012年	包括南北爿山屿、鹿西白龙屿及其周边海域、洞头岛东南沿岸、洞头东部列岛和大瞿岛的周边海域及海岛
27		浙江渔山列岛国家级海洋公园	渔山列岛位于象山半岛东南部，猫头洋东北，隶属于象山县石浦镇，距石浦铜瓦门山47.5千米，即28°51.4′—28°56.4′N、122°13.5′—122°17.5′E之间，由13岛41礁组成，岛陆面积约2平方千米	5 700	领海基点岛、重要渔业资源和贝藻类资源、岛礁资源、自然景观及其生态环境	重点保护区41.2公顷，生态与资源恢复区178.7公顷，适度利用区2 492.6公顷，预留区2 987.5公顷	2012年	原名渔山列岛国家级海洋生态特别保护区

续表

序号	省份名称	海洋公园名称	地理位置	面积（公顷）	主要保护对象	功能分区概况	批准建立时间	备注
28	浙江省	浙江嵊泗国家级海洋公园	浙江省嵊泗县，舟山群岛最东端，区界由地理坐标30°52′N、122°48′E；30°37′N、122°53′E；30°37′N、122°43′E；30°52′N、122°34′E 4个控制点组成	54 900	海洋生态环境，珍稀濒危生物，石斑鱼为主的鱼类资源及重要的苗种资源，各岛礁潮间带的厚壳贻贝、羊栖菜等潮间带贝藻类资源、苗种及其周围生态环境，无人岛岛礁资源，自然景观和历史遗迹	重点保护区 19 600 公顷，生态与资源恢复区 11 500 公顷，适度利用区 23 800 公顷	2014年	
29		玉环国家级海洋公园	位于浙江省玉环县，西濒乐清湾，东临东海	30 669	珍稀濒危海洋生物物种、经济生物物种及其生境	重点保护区 3 173 公顷，生态与资源恢复区 21 995 公顷，适度利用区 5 501公顷	2017年	玉环披山省级海洋特别保护区升级改造
30		宁波象山花岙岛国家级海洋公园	位于浙江省宁波市象山县	4 419. 22	独特的火山岩、海蚀海积地貌和人文历史遗迹	重点保护区 1 424. 23 公顷，生态与资源恢复区 676. 81 公顷，适度利用区 2 318. 18 公顷	2017年	

续表

序号	省份名称	海洋公园名称	地理位置	面积（公顷）	主要保护对象	功能分区概况	批准建立时间	备注
31	浙江省	普陀国家级海洋公园	位于浙江省舟山市普陀区	21 840	大黄鱼、曼氏无针乌贼等鱼类产卵场，鸟类资源及其生存环境，岛礁资源和贝藻类资源以及海洋生态环境和生态系统	重点保护区 7 985 公顷，生态与资源恢复区 7 961 公顷，适度利用区 5 894公顷	2017 年	
32	福建省	厦门国家级海洋公园	位于厦门岛东岸及其海域，地理范围介于 24° 24′—24°33′N、118°5′—118°12′E 之间	2 487	稀有的海洋生态景观、历史文化遗迹、地质地貌景观等	重点保护区 1.53 平方千米、生态与资源恢复区 0.85 平方千米、适度利用区 22.01 平方千米和科学实验区 0.48 平方千米	2011 年	
33		福建福瑶列岛国家级海洋公园	福建省福鼎市东南部，地理范围介于 26°57′N，120°16′E；26°59′N，120°20′E；26°58′N，120°24′E；26°55′N，120°24′E；26°55′N，120°17′E 之间	6 783	大嵛山岛上的大天湖、小天湖自然景观，九猪拱槽饮用水源以及周边海域的生物资源及其生境，大嵛山岛的天湖草场自然景观及白莲飞瀑、羊鼓尾遗址等自然和人文景观	重点保护区 3 330 公顷，适度利用区 2 186 公顷，预留区 1 267 公顷	2012 年	

续表

序号	省份名称	海洋公园名称	地理位置	面积（公顷）	主要保护对象	功能分区概况	批准建立时间	备注
34	福建省	福建长乐国家级海洋公园	福州市长乐国际机场南侧，地理范围介于25°55′N，119°38′E；25°55′N，119°39′E；25°54′N，119°40′E；25°51′N，119°39′E；25°51′N，119°37′E之间	2 444	闽江河口湿地的滩涂、水域、动植物资源及其生境、漳港海蚌资源及其生境、文化保护（显应宫）	重点保护区1 087公顷，适度利用区1 357公顷	2012年	
35		福建湄洲岛国家级海洋公园	福建省莆田市东南部海域，地理坐标介于25°2′—25°7′N，119°4′—119°11′E之间	6 911	湄洲岛上的妈祖祖庙、红树林、沙滩资源以及赤屿山、小碇屿无居民岛周边3海里海域特有的珍稀物种——中国鲎、杂色鲍、西施舌、长毛对虾及其生境	重点保护区692公顷，适度利用区6 110公顷，预留区109公顷	2012年	

续表

序号	省份名称	海洋公园名称	地理位置	面积（公顷）	主要保护对象	功能分区概况	批准建立时间	备注
36	福建省	福建城洲岛国家级海洋公园	福建省诏安县东南部海域，地理坐标介于 23°36′N，117°18′E；23°36′N，117°18′E；23°35′N，117°18′E；23°35′N，117°17′E；23°36′N，117°17′E 之间	225.2	海龟、中国鲎、中华白海豚以及保护区自然生态景观等	重点保护区 39.7 公顷，生态与资源恢复区 40.0 公顷，适度利用区 121.8 公顷，科学试验区 7.3 公顷，预留区 16.4 公顷	2012 年	
37		福建崇武国家级海洋公园	福建省泉州市惠安县，地理坐标介于 24°52′—24°54′N，118°51′—118°57′E 之间	1 355	海洋生态旅游资源与人文景观	重点保护区 137 公顷，生态与资源恢复区 10 公顷，适度利用区 1 208 公顷	2014 年	
38		福建平潭综合实验区海坛湾国家级海洋公园	平潭综合实验区海坛湾，西以平潭海岛国家森林公园为界，东接台湾海峡，南至官姜澳，北含澳底湾，形成边界完整清晰可辨的滨海岸线	3 490	滨海沙滩、海域生态环境、海岸景观和海洋文化	重点保护区 1 954 公顷，生态与资源恢复区 64 公顷，适度利用区 1 472 公顷	2016 年	

续表

序号	省份名称	海洋公园名称	地理位置	面积（公顷）	主要保护对象	功能分区概况	批准建立时间	备注
39	广东省	广东海陵岛国家级海洋公园	位于广东省阳江市西南端，地理坐标介于21°32′—21°35′N，111°49′—111°52′E之间	1 927.26	珍稀濒危海洋生物物种、经济生物物种及栖息地以及古代海上丝绸之路海域、水下历史遗迹等	重点保护区、生态与资源恢复区、适度利用区、滨海休闲度假区和预留区等	2011年	
40		广东特呈岛国家级海洋公园	位于广东省湛江市湛江港湾，地理坐标介于21°06′—21°10′N，110°25′—110°28′E之间	1 893.20	海岛、红树林及生态和人工鱼礁	重点保护区、生态与资源恢复区、适度利用区和预留区	2011年	包括特呈岛陆地及其周边海域
41		广东雷州乌石国家级海洋公园	广东省雷州半岛西南部海域，地理坐标介于20°33′—20°35′N，109°47′—109°51′E之间	1 671.28	滨海湿地自然生态系统、候鸟栖息地、红树林、人工鱼礁、白碟贝等	重点保护区423.1公顷，生态与资源恢复区80.18公顷，适度利用区649.91公顷，预留区518.09公顷	2012年	
42		广东南澳青澳湾国家级海洋公园	广东省汕头市南澳岛东端的青澳湾，地理坐标介于23°27′—23°25′N，117°10′—117°10′E之间	1 246	海洋环境、珍稀海洋生物和生物多样性	重点保护区836公顷，生态与资源恢复区16公顷，适度利用区214公顷，预留区180公顷	2014年	

续表

序号	省份名称	海洋公园名称	地理位置	面积（公顷）	主要保护对象	功能分区概况	批准建立时间	备注
43	广东省	广东阳西月亮湾国家级海洋公园	广东省西南部沿海的阳江市阳西县沙扒镇，地处粤西沿海	3 403	4类生态系统、滨海景观、海洋生物多样性、重要渔业资源、沿海渔民古文化	重点保护区 1 095 公顷，生态与资源修复区 549 公顷，适度利用区 730 公顷，预留区 1 029 公顷	2016 年	
44	广东省	广东红海湾遮浪半岛国家级海洋公园	汕尾市区东部 18 千米处，地理位置介于 22°62′—22°79′N，115°40′—115°64′E 之间	1 878	石斑鱼、海马等	重点保护区 575 公顷，生态与资源修复区 232 公顷，适度利用区 538 公顷，预留区 533 公顷	2016 年	
45	广西省	广西钦州茅尾海国家级海洋公园	位于广西钦州市茅尾海海域，边界南连七十二泾群岛，西临茅岭江航道，北连广西茅尾海红树林自然保护区，东接沙井岛航道	3 482.70	红树林、盐沼等典型生态系统、丰富的近江牡蛎种质资源	重点保护区 578.7 公顷，适度利用区 2 183.0 公顷，生态与资源恢复区 721.0 公顷	2011 年	
46	广西省	广西涠洲岛珊瑚礁国家级海洋公园	位于广西北海市南部海域，地理坐标在 20°59′—21°5′N，109°4′—109°10′E 之间	2 512.92	海底珊瑚礁生态系统	重点保护区 1 278.08 公顷，适度利用区 1 234.84 公顷	2012 年	涠洲岛东北面和西南面距海岸线 500 米以外至 15 米等深线组成的两部分海域

续表

序号	省份名称	海洋公园名称	地理位置	面积（公顷）	主要保护对象	功能分区概况	批准建立时间	备注
47	海南省	海南万宁老爷海国家级海洋公园	位于海南岛东南部沿海万宁市，18°8′N，110°39′E，东濒南海，西毗琼中，南邻陵水，北与琼海接壤	1 121. 01	典型的潟湖生态系统及其多样性；脆弱的红树林和海草床生态系统；珍稀、濒危生物的重要栖息地和活动区域	重点保护区 449. 34 公顷，生态与资源恢复区 90. 77 公顷，适度利用区 580. 9 公顷	2016 年	
48		昌江棋子湾国家级海洋公园	昌江黎族自治县的西部海岸，海南岛的最西段，位于海南西线旅游带的中点，距西线高速路约 60 千米，距海口市 240 千米，三亚市约 260 千米	6 021	海蚀地貌、珊瑚礁、峻壁角领海基点	重点保护区 1 780 公顷，生态与资源恢复区 971 公顷，适度利用区 3 270 公顷	2016 年	

第四节　我国海洋公园分类

一、按照保护对象分类

根据《海洋特别保护区分类分级标准》（HY/T117-2010），海洋公园是指为保护海洋生态与历史文化价值，发挥其生态旅游功能，在特殊海洋生态景观、历史文化遗迹、独特地质地貌景观及其周边海域划定的海洋特别保护区。按照这一定义，我们可以根据保护对象的不同，将海洋公园分为三类，即海洋生态景观类、历史文化遗迹类和独特地质地貌景观类。考虑到很多海洋公园的保护对象不止一类，有些海洋公园甚至三类保护对象都包含，例如，厦门国家级海洋公园的重点保护对象包括区内稀有的海洋生态景观、历史文化遗迹、地质地貌景观。因此，根据保护对象的不同，我们将海洋公园分为四类，即海洋生态景观类、历史文化遗迹类、独特地质地貌景观类以及综合类。根据表 2-3 所示，四类海洋公园中海洋生态景观类最多，达到 27 个，从中可以看出各地对于海洋生态系统的重视。

表 2-3　按照保护对象的海洋公园分类名录

海洋公园类别	所在省区	名录
海洋生态景观类	辽宁	辽河口红海滩国家级海洋公园
		辽宁绥中碣石国家级海洋公园
		辽宁大连长山群岛国家级海洋公园
		辽宁大连仙浴湾国家级海洋公园
		辽宁凌海大凌河口国家级海洋公园
	山东	山东日照国家级海洋公园
		山东大乳山国家级海洋公园
		山东蓬莱国家级海洋公园
		山东招远砂质黄金海岸国家级海洋公园
		山东青岛西海岸国家级海洋公园
		山东威海海西头国家级海洋公园
		山东烟台莱山国家级海洋公园
		青岛胶州湾国家级海洋公园
	江苏	江苏小洋口国家级海洋公园
		江苏海门蛎岈山国家级海洋公园

续表

海洋公园类别	所在省区	名录
海洋生态景观类	浙江	浙江渔山列岛国家级海洋公园
		玉环国家级海洋公园
		普陀国家级海洋公园
	福建	福建长乐国家级海洋公园
		福建城洲岛国家级海洋公园
	广东	广东特呈岛国家级海洋公园
		广东雷州乌石国家级海洋公园
		广东南澳青澳湾国家级海洋公园
		广东红海湾遮浪半岛国家级海洋公园
	广西	广西钦州茅尾海国家级海洋公园
		广西涠洲岛珊瑚礁国家级海洋公园
	海南	海南万宁老爷海国家级海洋公园
历史文化遗迹类	山东	刘公岛国家级海洋公园
	福建	福建崇武国家级海洋公园
独特地质地貌景观类	辽宁	辽宁大连金石滩国家级海洋公园
		辽宁团山国家级海洋公园
		大连星海湾国家级海洋公园
		辽宁锦州大笔架山国家级海洋公园
	河北	北戴河国家级海洋公园
	浙江	宁波象山花岙岛国家级海洋公园
综合类	辽宁	辽宁觉华岛国家级海洋公园
	山东	山东长岛国家级海洋公园
		山东烟台山国家级海洋公园
	江苏	江苏连云港海州湾国家级海洋公园
	浙江	浙江洞头国家级海洋公园
		浙江嵊泗国家级海洋公园
	福建	厦门国家级海洋公园
		福建福瑶列岛国家级海洋公园
		福建湄洲岛国家级海洋公园
		福建平潭综合实验区海坛湾国家级海洋公园
	广东	广东海陵岛国家级海洋公园
		广东阳西月亮湾国家级海洋公园
	海南	昌江棋子湾国家级海洋公园

二、按照地理位置分类

根据海洋公园所在的地理位置不同，我们可以将海洋公园分为海岛型海洋公园与海滨型海洋公园两大类。海岛型海洋公园，是指位于海岛并包括其周边海域的一类海洋公园，例如，辽宁觉华岛国家级海洋公园、辽宁大连长山群岛国家级海洋公园、刘公岛国家级海洋公园、山东长岛国家级海洋公园、浙江渔山列岛国家级海洋公园、宁波象山花岙岛国家级海洋公园、福建福瑶列岛国家级海洋公园、福建湄洲岛国家级海洋公园、福建城洲岛国家级海洋公园、广东海陵岛国家级海洋公园、广东特呈岛国家级海洋公园、广西涠洲岛珊瑚礁国家级海洋公园。海滨型海洋公园，是指海洋公园位于滨海地区或其周边海域的一类海洋公园，还可以细分出海湾型、河口型等。海湾型，例如，辽宁大连仙浴湾国家级海洋公园、大连星海湾国家级海洋公园、青岛胶州湾国家级海洋公园、江苏连云港海州湾国家级海洋公园、福建平潭综合实验区海坛湾国家级海洋公园、广东阳西月亮湾国家级海洋公园、昌江棋子湾国家级海洋公园等；河口型，例如，辽宁凌海大凌河口国家级海洋公园。

第三章　海洋公园建设关键技术与方法

海洋公园是实现海洋可持续发展的有效综合管理手段之一。如何发挥海洋公园的最大效益，与海洋公园的“选划论证—功能分区—规划建设—管理保障”等流程息息相关。这一章，我们将详细阐述海洋公园建设的关键技术与方法。

第一节　选划论证关键技术与方法

中国的海洋公园选划，是一种自下而上的模式。地方海洋管理部门根据海洋公园的定义及自身特色条件，依据《海洋特别保护区选划论证技术导则》和《海洋特别保护区功能分区和总体规划编制技术导则》向国家海洋保护地主管部门提交申报材料，经论证审核通过，即可获批国家级海洋公园称号。

2019 年 5 月，国家林业和草原局办公室发布关于成立国家林业和草原局国家自然保护地专家委员会、国家级自然公园评审委员会的通知，指出国家林业和草原局国家级自然公园评审委员会由国家林业和草原局负责组建，承担国家级自然公园类保护地（包括但不限于国家级风景名胜区、国家地质公园、国家矿山公园、国家湿地公园、国家森林公园、国家海洋特别保护区等）的新建、范围调整及撤销的评审工作。据此，海洋公园的新建由国家林业和草原局国家级自然公园评审委员会负责评审。

海洋公园选划论证的重点是从海洋生态环境保护与资源可持续利用的实际情况出发，按照自然和社会客观规律，科学评价保护对象或保护目标的价值，合理提出选划论证结论。以生态保护为基点，从维持生态功能需求的角度出发，兼顾与保护目标保持一致的可持续开发利用活动，论证建立生态保护与可持续开发利用的协调关系。并根据保护目标的生态系统特点及其保护目的，有针对性地设置分析评价重点，征求相关管理部门及社区公众意见，通过协商，落实保护管理对策。另一方面选择适用的分析与评价方法，科学确定公园建区的主导因素，合理把握园区内外的相似性和差异性，从方便管理的角度出发，适度划定公园的空间范围。

一、选划论证流程

选划论证工作首先根据选划工作需要，收集拟选划海域自然环境、自然资源及开发现状、海洋功能区划、海域使用现状、社会经济及相关规划等方面的资料。在资料收集和补充调查的基础上，进行海区自然环境与资源状况分析、社会经济背景状况分析、生态环境现状评价、建区条件分析、海洋公园总体规划布局分析、管理基础保障分析、建区效益分析，明确保护对象、保护目标。在此基础上，遵循面积适中，与周边其他海洋开发活动（开发利用规划）无明显的矛盾、便于公园的日常监管及相关措施落实的原则，进行公园范围的划定以及功能区的划分。

二、选划条件分析

国际上对于海洋保护区的选划，所采用的依据既包括自然方面的条件，也包括经济方面的因素：①拥有典型的重要生态系统或生境类型；②拥有极大的物种多样性；③是生物活动集中的区域；④为商业上或生态上重要物种或物种种群提供关键生境的区域；⑤具有特殊的文化价值（历史的、宗教的）的区域；⑥在科研上具有重要意义的区域；⑦容易遭受损害或破坏的敏感地区；⑧物种生物特征表达十分显著的地区（即稀有物种、受威胁物种、濒危物种或地方物种地区）；⑨具有人类特殊利用价值的地区，例如，娱乐区或捕捞区[①]。一般来说，海洋保护区通常具有针对性较强的实际目标。除了风景名胜区外，人类竭力保护的海洋生境、生态系统、物种等生态关键区都具有商业价值或潜在的经济利用价值。

我国的海洋公园选划，是在围绕区域的自然环境状况、生态环境状况、自然资源及开发利用状况以及社会经济背景与发展状况进行充分论证的基础上，明确建区条件符合与否。

1. 自然环境状况分析

明确拟选划区域内地理情况，包括地理位置，所含陆域、海域及滩涂面积，岸线长度，海岛地理位置、形态、海拔高度、岛陆面积、岸线类型及长度、海岛中心点或制高点距大

① 刘兰．我国海洋特别保护区的理论与实践研究［D］．青岛：中国海洋大学，2006.

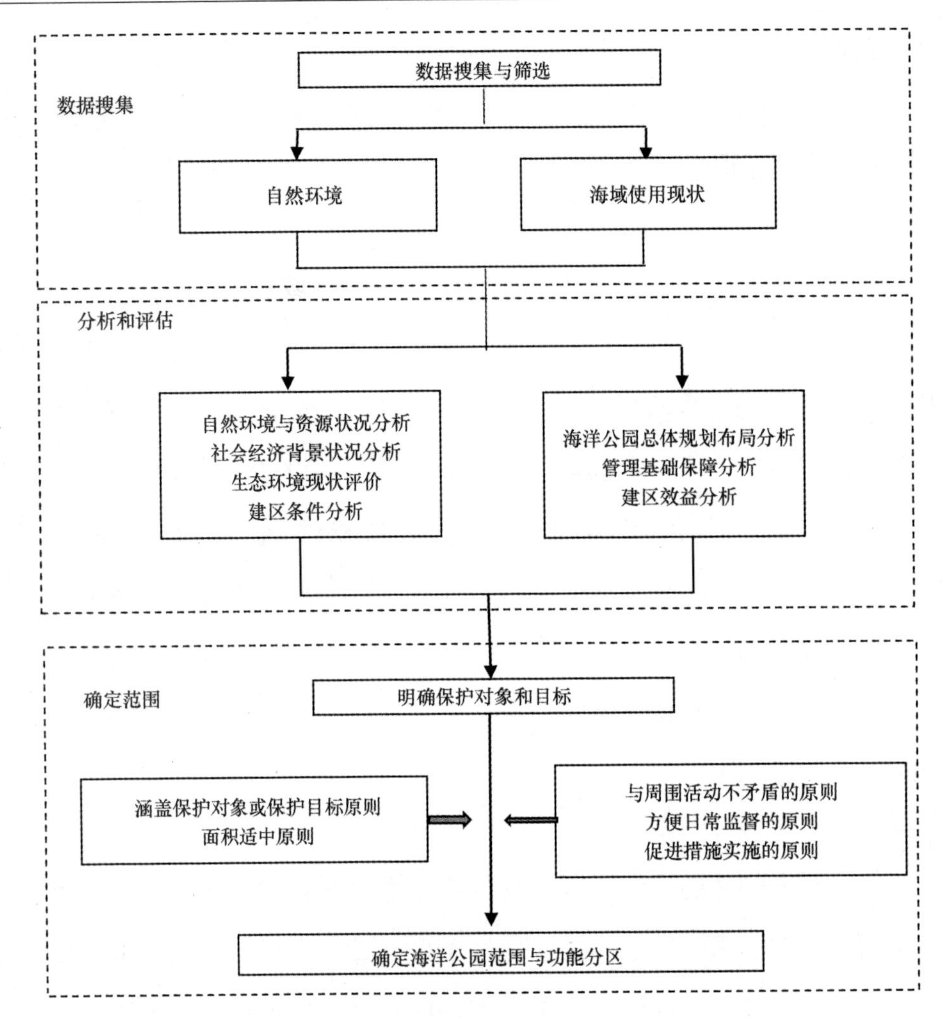

图 3-1 海洋公园选划论证路线图

陆的最短距离等。并分析区域气象与气候、地质地貌、海洋水文、区域自然灾害情况。明确生态保护、资源可持续开发利用、国家海洋权益维护等方面对于海洋公园建设的制约及其所产生的压力。

2. 生态环境现状评价

分析评价拟选划区域或毗邻区域污染情况，分析海域环境质量与生物生态条件，包括：

①海水与沉积物质量；

②海岸及岛陆植被类型、面积、覆盖率和物种种类组成；

③主要野生动物物种数量及珍稀、濒危物种数量与分布，特殊生态景观；

④海洋生物物种组成、分布、生物量、密度，物种多样性、珍稀濒危物种数量与分布等；

⑤典型海洋生态系统类型、分布及其变化趋势等。

在此基础上，进一步分析选划区域对维护周围海域生态功能、维持生物多样性的重要作用，明确选划区域是否为珍稀、濒危生物物种的栖息地、迁徙地，是否为产卵场、索饵场、越冬场或洄游通道等重要渔业水域，从而确定区域生态环境与生物资源价值。

3. 自然资源及开发利用状况分析

分析区域港口航运资源、渔业资源、旅游资源、矿产能源、海域功能分区与开发利用状况。确定区域是否具有观赏性、奇特性、原生性、珍贵性及多样性等方面的特征，是否具备科学考察、科普教育及文化等科学与文化价值以及舒适性、参与性、康体性及休闲性等休闲娱乐价值等生态旅游条件。并评估区域资源可持续开发利用潜力及价值、对维护周围海域资源可持续利用的作用、对未来海洋产业发展的潜在价值，评估其建园后的可持续开发利用前景。

4. 社会经济背景与发展状况分析

分析区域内主要社区人口分布，区域社会经济状况，区域社会经济发展规划，区域海洋产业依赖性以及区域社区生活基础设施建设情况。在此基础上，

①明确社会经济发展规划、海洋环境保护规划等对公园建设与管理的指导作用；

②分析海洋公园的建立与社会经济发展规划、海洋环境保护规划等相关规划目标、保护行动及措施的协调性；

③分析社会经济条件给海洋公园的建设与管理奠定的支撑条件与有利因素等；

④分析社会经济可持续发展对海洋生态环境的需求、海洋产业可持续发展对海洋资源的需求以及社会经济及海洋产业发展对海洋生态保护产生的压力。

5. 建区条件分析

海洋公园的建区条件分析，从以下 4 个方面开展：

①通过地理条件、生态系统重要性、生物与非生物资源条件、生态旅游条件、特殊海洋开发利用条件、海岛本身保护价值等多个方面充分分析自然环境与资源特殊条件。

②从社会经济发展规划等对海洋公园建设指导作用、社会经济条件对海洋公园建设与管理的支撑以及经济发展需求与压力充分分析社会经济条件。

③从公众对海洋公园的关心、重视和支持程度，评估海洋公园建立的公众基础。

④从当地政府或相关管理部门制定有关管理政策或已采取的对策、已有的相关管理设施等分析现有的保护与管理工作基础。

从以上 4 个方面确定建设海洋公园的条件成熟与否。

三、海洋公园范围的确定

从理论上讲，保护区的面积越大，被保护的物种就越多。保护区的面积究竟应该多大呢？由于保护区保护的对象不同，科学界尚无法提出一个固定的标准。但是对那些以物种为保护对象的保护区来说，其面积至少应该能够满足一个有生存力的必需种群的需要。在这一前提下生境质量高的保护区面积可以小些，反之面积就要大些[①]。

海洋公园范围的确定原则为：①区域范围涵盖保护对象或保护目标，保持海洋、海岸或海岛生态系统的基本完善，利于生态功能的有效发挥；②面积适中，与周边其他海洋开发活动无明显的矛盾；③便于海洋公园的日常监管及相关措施的落实。

第二节　功能分区关键技术与方法

我国保护区的功能区划分，经历了从人为定性划分到计算机模拟辅助决策划分的过程。早期建立的保护区，因保护区自然资源状况本底数据不足，加之保护区技术条件落后，又缺乏相应的区划方法与手段，故往往根据经验在图纸上进行勾绘，将保护物种常出现的地点圈为核心区，其他区域则视情况划为缓冲区与实验区，主观随意性较大。随着科学技术的发展，特别是地理信息系统、遥感、全球定位系统技术的发展与普及，基于计算机辅助决策的功能区划分越来越客观与合理。[②]

功能分区是海洋公园建设与管理的一项基础性工作，也是选划论证工作的一项重要工作内容，重点是在选划论证分析基础上进行海洋公园范围的划定以及功能区的划分。通过功能区的划分和确立主导功能，为管理机构制定总体规划，资源合理利用与布局，区域生态环境保护以及实行分区管理提供科学依据和管理手段。

---

① 刘兰．我国海洋特别保护区的理论与实践研究［D］．青岛：中国海洋大学，2006.

② 呼延佼奇，肖静，于博威，徐卫华．我国自然保护区功能分区研究进展［J］．生态学报，2014，34：6 391-6 396.

一、功能分区的原则

1. 以自然属性为主的原则

在空间尺度上，任何功能区及其功能都与该区域甚至更大范围的自然环境和社会经济因素相关。海域和海岛的区位、自然资源及环境等自然属性是确定功能分区的首要条件，它决定海岛及周边海域资源利用与保护的合理性。社会条件和社会需求等社会属性则是确定功能分区的重要条件，它决定了应选择何种功能（或功能顺序）以实现最佳效益。

2. 有利于促进海洋经济和社会发展的原则

在划定海洋功能区时，在保护为主的前提下，应根据海城、海岛的自然资源和环境条件，充分考虑地方和行业对海洋开发利用的意见，安排必要的和可行的利用功能。应与相关海洋功能区划和现有的规划保持协调一致，促进海洋经济和社会可持续发展。

3. 国家主权权益和国防安全优先原则

凡是涉及国家主权权益和保障国防安全所需的海域及海岛，在功能分区中应给予优先安排。

4. 备择性原则

对具有多种功能的海域或海岛，当出现某些功能相互不能兼容时，应优先安排海域、海岛保护以及直接利用中资源和环境等条件备择性窄的功能。

5. 前瞻性原则

功能分区应在科学预见的基础上，为未来海洋产业和社会经济发展留有足够的空间，统筹安排各行业用海需求。

二、确定功能分区目标

功能分区需要达成的目标如下：

①明确区域海洋、海岛生态系统的结构、过程及其空间分布特征。

②明确区域主要海洋生态环境问题、成因及其空间分布特征。

③评价不同生态系统类型的服务功能以及在区域社会经济发展中的作用。

④根据功能分区的分类体系和划区标准，确定各功能区的生态环境与社会经济功能，提出应当限制或者禁止的利用活动或者利用方式。

⑤为管理机构实行分区管理提供科学依据。

三、功能区分类

保护区是否需要划区管理，主要取决于保护区的生物地理学特征，例如处于荒野区域的保护区就没有必要划区管理。功能分区源自全球生物圈保护区，主要适用于受人类活动影响的生态景观地区。划区管理可以将生物多样性保护与生物资源的可持续利用融为一体，在一定程度上兼顾国家和当地社区的发展需求，被普遍认为是提高管理效率和增强自然保护区功能的最有效措施之一。[①]

根据不同的主导功能，海洋公园在区域范围内可划分出以下功能区：

（1）重点保护区

重点保护区包括领海基点、军事用途等涉及国家海洋权益和国防安全的区域，珍稀濒危海洋生物物种、经济生物物种及其栖息地以及具有一定代表性、典型性和特殊保护价值的自然景观、自然生态系统和历史遗迹作为主要保护对象的区域。重点保护区的面积一般不少于保护区总面积的30%。重点保护区应维持现状，禁止一切开发活动。通过在保护区内实施各种资源与环境保护的协调管理以及防灾减灾措施，防止、减少和控制海洋、海岛自然资源与生态环境遭受破坏。

（2）生态与资源恢复区

生态与资源恢复区指生境比较脆弱、生态与其他海洋资源遭受破坏需要通过有效措施得以恢复、修复的区域。除总体规划所明确可以开展的生产经营和项目建设活动外，不得从事其他生产经营和项目建设活动。通过实施海洋资源循环利用、海洋生态恢复整治、海洋生物多样性保护等海洋生态工程，促进已受到破坏的海洋资源和环境尽快恢复。

① 唐小平．我国自然保护区总体规划研究综述［J］．林业资源管理，2015，（6）：1-9.

（3）适度利用区

适度利用区指根据自然属性和开发现状，可供人类适度利用的海域或海岛区域。适度利用是指开发项目不以破坏海域或海岛的地质地貌、生态环境和资源特征为前提。可以开展不与保护目标冲突的生产经营和项目建设活动，应与海洋公园总体规划相协调，建立协调的生态经济模式，促进区域原有产业的生态化。在有效保护海洋生态的前提下，探索海洋资源最优开发秩序，达到最佳资源效益和经济效益。

（4）预留区

除上述功能区外的其他未利用区域或暂时未能定性的区域可划为预留区，并提出今后可能的保护或利用方向。

四、确定主导功能

各功能区主导功能按以下要求确定：

①对海洋公园范围内的多功能海域，应当根据功能区划的划分原则进行分析、比较、判断，并充分听取当地政府、行业部门的意见，从对该海域生态环境保护或经济发展起带动作用、综合效益最佳的角度来确定主导功能。

②对海洋公园范围区内不能相容的各种功能，应当根据海洋功能分区的原则，确定海域的功能，并应明确规定该功能区应当限制或者禁止的、与海洋功能不一致的开发利用活动或方式。

③由于开发现状不合理，与确定的海洋功能存在根本性矛盾的，应通过协调，调整开发现状，明确海域功能。

五、功能分区方法

功能分区依据区域的生态环境敏感性、生态服务功能特性、自然环境与海域资源特征的相似性和差异性等进行地理空间分区。一般采用定性分区或定量分区相结合的方法进行功能分区。

（1）主导因素法

根据海域的主导功能确定功能区。应注意区内生态系统类型与地貌单元的完整性，功能区边界的确定应考虑利用河口、水下地貌、岛屿等自然特征或行政边界。

（2）综合分析法

按照功能分区的原则，综合分析海域的自然属性和社会属性，协调各种用海关系并划分不同的功能区。

（3）其他功能分区法

海洋公园根据建设和管理的需要以及区域的实际情况，可在上述功能区分类的基础上适当补充新的功能区类型，如重要景观区、游客区等，并针对各功能区制定不同的管理目标及管理措施。

第三节　规划编制关键技术与方法

编制和实施总体规划是保护区建设管理的重要环节之一，也是保护区增强保护针对性、提高管理有效性的最有效措施。随着总体规划研究的不断深入，编制方法和技术不断完善，发展越来越规范。总体规划已成为保护区建设管理的纲领性文件，为保护区贯彻国家方针政策，实现保护目标，提升管理水平，促进社区发展起到了极为重要的作用。[①]

合理的规划是海洋公园建设的科学依据，缺乏系统的规划和设计，任何管理目标都无法实现。因此，做好海洋公园的规划十分重要，应组织以相关学科为主，多学科专家构成的团队进行调研，制定科学的规划，指导公园的建设、发展与管理。应按照《海洋特别保护区功能分区和总体规划编制技术导则》（HY/T118－2010）开展海洋公园总体规划的编制。

一、规划的目的

已批准设立的海洋公园，应编制海洋公园总体规划，根据海域生态环境现状、敏感性、承载力，主导生态功能、生态系统类型的结构与过程特征以及自然环境与社会经济发展现状及趋势等，将保护区海洋空间划分为重点保护区、生态与资源恢复区、适度利用区、预留区等不同类型，确定主体功能定位，明确环境保护和资源利用方向，逐步形成人口、经济、资源环境相协调的空间开发格局，制定合理可行的建设发展目标，为规划期间的海洋公园建设工作提供依据和政策指导。

① 唐小平．我国自然保护区总体规划研究综述［J］．林业资源管理，2015，（6）：1-9．

二、规划的基本原则

海洋公园总体规划应遵循的原则如下：

①规划应坚持海洋资源可持续开发的原则，贯彻“保护为主，适度开发”的原则，坚持“在保护中开发，在开发中保护”的方针，处理好海洋、海岛资源利用与生态系统和环境保护的关系。

②规划应贯彻海洋保护和经济发展相协调的原则，充分考虑地方的经济发展现状，统筹协调好保护与开发、近期与远期、个别与整体、重点与一般之间的关系，有利于促进海洋经济和社会可持续发展。

③规划应坚持与海洋功能区划、海洋环境保护规划、海域使用总体布局相协调一致的原则；规划应突出重点，统筹兼顾，点面结合，分步实施。

④规划应实行分区管理原则，建立功能分区系统和指标体系，实施综合管理，重点解决制约主导功能发挥的各类限制性因素；规划应尊重客观规律，因地制宜，在经济、技术上可行。

⑤规划应体现综合效益原则，充分平衡和统一社会效益、经济效益、资源效益和环境效益。

三、规划的地位与作用

总体规划具有宏观性、综合性、长期性、协调性的特点，因此，保护区总体规划是建设、管理和保护自然保护区的纲领性文件，具体起到以下 3 个作用：

①作为空间规划，是规范区域保护与开发行为的重要平台。从保护区与区域发展的长远出发，明确保护区范围和边界，对保护区建设、管理与发展的有关内容进行展望、谋划、安排和部署，并与区域国民经济和社会发展规划相衔接。

②作为建设规划，是主管部门进行项目决策的主要依据。先编制规划然后据此开展建设项目可行性研究并审批项目，通过规划的研究编制、衔接审查和实施过程监督评估，使依法行政与依规划行事相结合成为可能。

③作为管理规划，是提高海洋公园管理水平的指南。鉴于我国保护区很少编制实施管理计划的现状，总体规划可以对保护区中长期管理目标、管理措施和行动进行时空安排，

明确管理机构和人员，并对资源管理、科研监测、宣传教育、资源利用、社区协调发展等进行控制和引导，起到指导管理、落实管理措施、实现管理目标的作用。①

四、规划目标

在制定规划目标时，紧紧围绕海洋公园的保护功能和主要保护对象的保护管理需要，坚持从严控制各类开发建设活动，促进海域经济社会可持续发展。规划目标与海洋生态环境保护和建设规划的目标相一致，与当地的社会经济发展规划和海洋经济发展规划相衔接，并将规划纳入沿海地区社会经济发展总体规划，做到经济、技术上切实可行，具有可操作性。

规划目标包括规划期间海洋公园建设的定性和定量发展目标。规划目标的主要内容应包括：生态环境目标、主要保护对象状态目标；人类活动干扰控制目标；社会发展目标；经济发展目标等。应根据海洋公园所在海域的整体保护计划和保护区规划的指导思想，确定规划的总目标、阶段目标及各项建设目标。

五、规划重点

海洋公园总体规划应包括下列主要内容。

1. 基础设施能力建设规划

基础设施能力建设规划应包括：道路交通建设、交通工具建设、供电设施建设、给排水工程建设、通信设施建设、保护工程建设、科研设施建设、宣传教育设施建设、基本办公和生活设施建设等。重点项目建设规划中的基础设施如房产、道路等，应以在原有基础上完善为主，尽量简约、节能、多功能；条件装备应实用高效；对软件建设和信息管理网络应给予足够重视。

2. 资源合理利用规划

资源合理利用的原则是，不影响或损害保护对象、不干扰保护区的保护管理和科学试

① 唐小平．我国自然保护区总体规划研究综述［J］．林业资源管理，2015，(6)：1-9.

验活动，具有明显的社会效益和经济效益，对保护区的保护管理工作有积极促进作用，对周边地区的经济发展有带动作用。

资源利用规划的主要内容包括：开发项目或活动的目标及主要内容；开发项目或活动的可行性研究；开发项目或活动的生态环境监测和评估；与旅游、渔业、林业管理部门的合作关系；与开发项目或活动有关的其他内容等。

禁止开展与海洋公园总体规划相冲突的开发活动和建设项目，鼓励开展生态养殖、生态旅游、休闲渔业、人工繁育等与保护区保护目标相一致的生态型开发利用项目，建立协调的生态经济模式。海洋公园开展旅游活动必须符合保护区总体规划，并合理控制游客流量，加强自然景观和旅游景点的保护。

3. 科研、监测规划

设置科学研究管理机构或由专人分工管理，并行使海洋公园的科学研究管理职责。科学研究规划的主要内容包括：科学研究总体发展方向、目标及主要内容；各时期的主要科学研究项目；海洋公园科学研究队伍建设；科学研究设施建设方案；科学研究活动经费的筹措方式；与海洋公园科学研究有关的其他内容等。

海洋公园生态监测规划包括：监测的目的、监测的方法、监测点的布设、监测的重点目标、监测的内容、监测的频率等。

4. 保护管理规划

主要内容包括：建立海洋公园的协调管理体系，成立海洋公园协调管理机构和管理人才队伍，制定配套的管理体系和管理规章制度。建立海洋公园执法管理机构，保证管理规章制度有效执行。建立海洋公园管理信息系统，为海洋公园监管提供有力的技术支持，使海洋公园实现现代化、规范化管理。建立海洋公园管理能力及绩效评估考核机制，制定考核程序、规范考核方式、明确考核职责、确定考核周期，规范海洋公园建设和管理。

5. 生态修复规划

海洋公园生态修复规划的主要内容包括：建设海洋资源循环利用、海洋生态恢复整治、海洋生物多样性保护等海洋生态工程，保护和恢复已经破坏的脆弱生境；强调区域原有产业或开发活动的生态化。

六、重点项目建设规划

围绕上述规划重点，有针对性地确定重点建设工程，主要包括生态功能保护管理工程、科研监测工程、宣传教育工程、社区共管工程、生态产业工程等。根据实际情况，编制近期内重点建设项目或工程的可行性研究报告，作为规划的附件。

重点项目为实施主要规划内容和实现规划期目标提供支持，并将作为编制海洋公园能力建设项目可行性研究报告的依据。

第四章　海洋公园管理体系

第一节　组织体系

一、行政主管部门及职责

机构改革之前，海洋公园由国家海洋局负责监督管理。海洋公园分为国家级和地方级，属于二级管理体系。

国家海洋局负责全国海洋公园的监督管理。国家海洋局内设生态环境保护司，具体负责国家海洋公园的行政管理工作。国家海洋局会同沿海省、自治区、直辖市人民政府和国务院部门制定海洋公园建设发展规划并监督实施，指导地方海洋公园的建设发展。

沿海省、自治区、直辖市人民政府海洋行政主管部门根据海洋公园建设发展规划，建立、建设和管理本行政区近岸海域海洋公园；组织制定本行政区地方级海洋公园建设发展规划并监督实施；建立、建设和管理省（自治区、直辖市）级海洋公园。

国家海洋局派出机构根据国家级海洋公园建设发展规划，建立、建设和管理本海区领海以外的或者跨省、自治区、直辖市近岸海域的国家级海洋公园。

沿海市、县级人民政府根据地方级海洋公园建设发展规划，建立、建设和管理本行政区近岸海域地方级海洋公园。

国家级海洋公园的管理行为，主要受到国家海洋局、省海洋局（厅）、市县地方海洋局、地方政府、地方社区等主要因素的约束和影响，具体建设过程中还会涉及海洋、国土、旅游，文化、环保、建设、交通、水利等多个部门机构间的协调。

2018 年 3 月，国务院机构改革新组建自然资源部，各类海洋保护区纳入其管理下的国家林业和草原局（加挂国家公园管理局牌子）进行统一管理。就地方层面而言，省级林业和草原局单设，各省、市、自治区基本上都将林业和草原局设置为省直属机构，由省自然资源厅统一领导和管理，或者直接设置为省自然资源厅的部门管理机构。

二、具体管理机构及职责

各个国家级海洋公园设立专门的管理机构负责公园的建设和日常管理事务。管理机构内部科室的设置为了满足各项工作需要，通常设立办公室、保护科、科研科、宣教科、社区科、资源利用与恢复科、管理站（点）、执法大队（支队）等，并有明确的职能和责任。如厦门国家级海洋公园就成立了厦门国家级海洋公园管理处，挂靠厦门市自然资源和规划局森林资源与保护区处，具体负责厦门国家级海洋公园的建设、运营和管理工作。工作内容主要包括海洋公园的生态资源保护、科研监测、科普教育、基础设施建设、旅游开发管理等工作。再如，广西涠洲岛珊瑚礁国家级海洋公园的管理机构为“广西涠洲岛珊瑚礁国家海洋公园管理站”，隶属北海市海洋局。主要职责包括：制定并监督执行海洋公园的管理规章制度；提出和落实海洋公园发展规划和相关政策；负责海洋公园基础设施建设和运营管理工作等。

第二节　法规体系

为保护海洋生态与历史文化价值，发挥其生态旅游功能，在特殊海洋生态景观、历史文化遗迹、独特地质地貌景观及其周边海域建立海洋公园。海洋公园属于受特殊保护的区域，海洋公园的法规体系建设主要如下。

一、法律法规

《中华人民共和国环境保护法》《中华人民共和国海洋环境保护法》《中华人民共和国海岛保护法》都对典型海洋生态系统、珍稀濒危物种的保护做了原则性规定，应当建立保护区来保护海洋生物、海洋生态系统、海洋自然景观及其文化风貌。

1.《中华人民共和国环境保护法》（2014 年修订）

作为环境基本法的《中华人民共和国环境保护法》对生态保护红线、各类保护区做出一般性规定，其规定适用于海洋公园。《中华人民共和国环境保护法》第二十九条规定“国家在重点生态功能区、生态环境敏感区和脆弱区等区域划定生态保护红线，实行严格保护。各级人民政府对具有代表性的各种类型的自然生态系统区域，珍稀、濒危的野生动植物自然分布区域，重要的水源涵养区域，具有重大科学文化价值的地质构造、著名溶洞和化石分布区、冰川、火山、温泉等自然遗迹以及人文遗迹、古树名木，应当采取措施予以保护，严禁破坏”。本条是海洋公园建立的最基本的法律依据，明确了各级政府应当在具有特殊价值的代表性区域采取措施予以保护，其他法律法规中关于海洋公园的具体规定也是依据本条的规定做出的。

2.《中华人民共和国海洋环境保护法》(2017 年修正)

《中华人民共和国海洋环境保护法》作为环境保护专门法，其对海洋环境保护做出具体规定，关于建立和管理海洋公园有关规定主要体现在第二十三条中，本条规定“凡具有特殊地理条件、生态系统、生物与非生物资源及海洋开发利用特殊需要的区域，可以建立海洋特别保护区，采取有效的保护措施和科学的开发方式进行特殊管理”。本条明确了海洋特别保护区建设的基本条件和管理要求，为海洋特别保护区建设和管理提供直接的法律依据。

3.《中华人民共和国海岛保护法》(2009 年)

《中华人民共和国海岛保护法》第三十九条规定：“国务院、国务院有关部门和沿海省、自治区、直辖市人民政府，根据海岛自然资源、自然景观以及历史、人文遗迹保护的需要，对具有特殊保护价值的海岛及其周边海域，依法批准设立海洋自然保护区或者海洋特别保护区。”本条是对海岛及周边设立海洋自然保护区或特别保护区的一般规定。

二、部门规范性文件

2005 年国家海洋局印发《海洋特别保护区管理暂行办法》，2010 年对《海洋特别保护区管理暂行办法》进行了修改完善，形成了《海洋特别保护区管理办法》，此外，还有《国家级海洋特别保护区评审委员会工作规则》《国家级海洋公园评审标准》等配套文件。

《海洋特别保护区管理办法》对海洋特别保护区的建设规划与管理做出了具体规定，从建区、管理制度、保护、适度利用和法律责任等方面做出了全面规定。该文件指出：

①国家海洋局负责全国海洋特别保护区的监督管理，会同沿海省级人民政府和国务院有关部门制定国家级海洋特别保护区建设发展规划并监督实施，机构改革之后，则由国家林业与草原局负责监管全国海洋特别保护区；②沿海省级海洋行政主管部门根据国家级海洋特别保护区建设发展规划，建立、建设和管理本行政区近岸海域国家级海洋特别保护区；③沿海县级以上海洋行政主管部门会同同级财政部门设立海洋生态保护专项资金，用于海洋特别保护区的选划、建设和管理，国家海洋局从国家海洋生态保护专项资金中对国家级海洋特别保护区的建设、管理给予一定的补助；④海洋特别保护区实行功能分区管理，可以根据生态环境及资源的特点和管理需要，适当划分出重点保护区、适度利用区、生态与资源恢复区和预留区；⑤在重点保护区内，实行严格的保护制度，禁止实施各种与保护无关的工程建设活动；在适度利用区内，允许适度利用海洋资源，鼓励实施与保护区保护目标相一致的生态型资源利用活动，发展生态旅游、生态养殖等海洋生态产业；在生态与资源恢复区内，可以采取适当的人工生态整治与修复措施，恢复海洋生态、资源与关键生境；在预留区内，严格控制人为干扰，禁止实施改变区内自然生态条件的生产活动和任何形式的工程建设活动。

为了规范海洋特别保护区评审工作，制定了《国家级海洋特别保护区评审委员会工作规则》《国家级海洋公园评审标准》作为《海洋特别保护区管理办法》实施的配套文件，对国家级海洋特别保护区规则以及海洋公园评审标准做出具体规定。

2019 年 5 月，国家林业和草原局办公室发布关于成立国家林业和草原局国家自然保护地专家委员会、国家级自然公园评审委员会的通知，对国家级自然公园的评审做出规定。

2019 年 7 月，国家林业和草原局办公室印发《自然保护区等自然保护地勘界立标工作规范》的通知，对包括海洋公园在内的自然保护地的勘界工作做出规定。

三、地方立法文件

在国家法律的基础上，地方政府制定了相应的地方性法规，例如，《山东省海洋环境保护条例》《江苏省海洋环境保护条例》《浙江省海洋环境保护条例》《福建省海洋环境保护条例》《广东省实施〈中华人民共和国海洋环境保护法〉办法》《海南省海洋环境保护规定》等。这些地方性法规进一步明确了当地如何选划和管理海洋保护区。

地方政府海洋行政主管部门为了加强海洋特别保护区的监督管理，提高海洋特别保护区的建设和管理水平，也制定了地方性的文件用于规范海洋保护区的相关管理工作。2006

年浙江省政府印发了《浙江省海洋特别保护区管理暂行办法》。山东省海洋与渔业厅于2014年印发了《山东省海洋特别保护区管理暂行办法》。2017年舟山市相继印发了《舟山市国家级海洋特别保护区管理条例》《舟山市国家级海洋特别保护区海钓管理暂行办法》将海洋特别保护区内的活动纳入规范化管理轨道。

地方大力推动海洋保护区“一区一法”建设。2008年8月，国家海洋局批准建立浙江渔山列岛国家级海洋生态特别保护区，2012年12月成功挂牌国家级海洋公园，为此宁波市政府出台了《宁波市渔山列岛国家级海洋生态特别保护区管理办法》，据此制定了《渔山列岛国家级海洋生态特别保护区保护和利用管理暂行办法》，并于2015年经宁波市政府审议通过。

四、相关技术规范和标准

在上述法律法规的基础上，为了更好地开展海洋公园的选划建设与管理工作，目前已颁布了1项国家标准、2项行业标准以及2项规程。

《海洋特别保护区选划论证技术导则》（GB/T 25054-2010）：规定了包括海洋公园在内的海洋特别保护区选划论证工作的基本程序、内容、方法和技术要求，在论述自然环境状况和社会经济背景状况的基础上，分析资源开发利用存在的问题，重点阐述建区条件、功能分区、管理基础保障和建区综合效益。

《海洋特别保护区分类分级标准》（HY/T 117-2008）：将海洋特别保护区分为特殊地理条件保护区、海洋生态保护区、海洋资源保护区和海洋公园等4类，各类又分为国家级和地方级等2级。如重要历史遗迹、独特地质地貌和特殊海洋景观分布区划为国家级海洋公园，具有一定美学价值和生态功能的生态修复与建设区域划为地方级海洋公园。

《海洋特别保护区功能分区和总体规划编制技术导则》（HY/T 118-2010）：规定了海洋特别保护区功能分区的一般原则、方法、内容及技术要求，以及海洋特别保护区总体规划编制的一般要求、编写内容和工作程序。在论述海洋特别保护区建设现状及存在问题的基础上，重点确定海洋特别保护区的主导功能和各分区管理目标，同时规划基础设施、保护管理、生态修复、资源利用等重点建设项目。

《国家林业和草原局国家级自然公园评审委员会评审工作规则》：国家林业和草原局国家级自然公园评审委员会由国家林业和草原局负责组建，承担国家级自然公园类保护地（包括但不限于国家级风景名胜区、国家地质公园、国家矿山公园、国家湿地公园、国家森林公园、国家海洋特别保护区等）的新建、范围调整及撤销的评审工作，提出评审意见。

《国家级海洋公园评审标准》：规定了国家级海洋公园评审的具体指标和指标的赋分标准，评审指标由自然属性、可保护属性和保护管理基础 3 个部分组成，其下共分为 13 项具体指标。自然属性包含了典型性、独特性、自然性、完整性和优美性 5 项指标，满分为 60 分；可保护属性包含面积适宜性、科学价值、历史文化价值、经济和社会价值 4 项指标，满分为 20 分；保护管理基础包含功能分区适宜性、保护与开发活动安排合理性和基础工作 3 项指标，满分为 20 分。

第三节　保障体系

一、资金保障

当前，我国海洋公园建设和管理的经费主要来源于政府财政支持，国家林业与草原局、省林业与草原局以及海洋公园所在当地政府部门在保护对象的管理与养护方面投入了大量的财力和物力。

沿海县级以上人民政府海洋行政主管部门会同同级财政部门设立海洋生态保护专项资金，用于海洋特别保护区的选划、建设和管理，这部分资金主要用于基础设施建设和日常管理经费。

《关于建立以国家公园为主体的自然保护地体系的指导意见》指出，建立以财政投入为主的多元化资金保障制度。统筹包括中央基建投资在内的各级财政资金，保障国家公园等各类自然保护地的保护、运行和管理。鼓励金融和社会资本出资设立自然保护地基金，对自然保护地建设管理项目提供融资支持。按自然保护地规模和管护成效加大财政转移支付力度，加大对生态移民的补偿扶持投入。

此外，未来海洋公园进行适当的旅游开发带来的收益以及社会捐赠资金都可以作为海洋公园的建设与发展的资金来源。

二、执法保障

目前，多数海洋公园没有成立专门的管理机构，一般由地方林业和草原主管部门（包括海洋公园管理机构）负责海洋自然公园的日常管理，地方自然资源和规划部门的综合行政执法（包括林草行政执法）过程中，与生态环境部门的生态环境保护综合行政执法和中国海警局的海洋生态环境执法都需要有效衔接。根据《国务院办公厅关于生态环境保护综合行政执法有关事项的通知》（国办函〔2020〕18号），国家林业和草原局发布了《关于做好林草行政执法与生态环境保护综合行政执法衔接的通知》，明确了林业和草原主管部门（含有关自然保护地管理机构）将“对在自然保护地内进行非法开矿、修路、筑坝、建设造成生态破坏的行政处罚”相关事项纳入生态环境保护综合行政执法范畴。未来，在进一步理顺海洋保护地相关部门职责和执法权的基础上，需要强化海洋公园的日常执法监督和执法能力建设。

三、科技保障

作为海洋公园监管工作的主要内容和重要支撑，日常的科学调查、监测、监控和信息数据系统建设是提升海洋公园规范化管理水平和执法能力的科技保障。海洋公园的管理机构通过年度或定期组织开展关于水文气象、水质、沉积物、生物等指标的监测，掌握海洋公园内生态环境状况及主要保护对象状况，建立起完善的监测信息数据库，为决策、规划和管理部门完善海洋公园的建设与管理提供科学基础。另外，各海洋公园还应建立并定期维护自己的网站或网页，及时发布和更新相关预报和环境状况信息，便于市民和游客了解与查询，也便于开展海洋公园的科普宣传与环保教育工作。

第五章　海洋公园管理实践与探索

第一节　厦门海洋公园实践

一、厦门海洋公园概述

（一）海洋公园建设背景

厦门市地处我国东南沿海，面对金门诸岛，与宝岛台湾和澎湖列岛隔海相望，陆地面积1 573.16平方千米，海域面积390平方千米，城在海上、海在城中，素有“海上花园”之美誉。厦门市因适宜居住的优良自然生态环境，曾先后荣获“国家卫生城市”“国家园林城市”“国家环境保护模范城市”“中国优秀旅游城市”“中国十佳人居城市”“国际花园城市”“联合国人居奖”“全国文明城市”“全国绿化模范城市”“全国节水城市”“中国十大宜居城市”“国家级海洋生态文明示范区”等殊荣。

长期以来，厦门市都非常重视珍稀海洋生物资源及其生态环境，于1991年建立文昌鱼自然保护区，1995年建立大屿岛白鹭自然保护区，1997年建立中华白海豚自然保护区，2000年经国务院审定（国办发〔2000〕30号），将原厦门中华白海豚省级自然保护区、厦门大屿岛白鹭省级自然保护区和厦门文昌鱼市级自然保护区联合组建成厦门珍稀海洋物种国家级自然保护区。其中，保护区面积7 588公顷，外围保护地带面积25 500公顷，二者相加基本涵盖整个厦门海域。从管理措施来看，厦门珍稀海洋物种国家级自然保护区（中华白海豚、文昌鱼）实行非封闭式管理，外围保护地带仅对保护物种加以严格保护，对生态环境及其他资源没有起到保护作用。

为了进一步加强厦门海洋生态环境与资源保护，同时也为了协调好海洋生态保护和资源利用的关系，促进沿海地区社会经济的可持续发展和海洋生态文明建设，厦门市积极组织申报国家级海洋公园，并于2011年5月获国家海洋局批准设立，成为我国首批七处国家级海洋公园之一。

海洋公园侧重建立海洋生态保护与海洋旅游开发相协调的保护、开发模式，在开展生态保护工作的同时，合理发挥特定海域的生态旅游功能，从而实现生态环境效益和经济社会效益的双赢。

厦门国家级海洋公园位于城市建成区，需要处理好公园与城市发展的关系。通过加强生态建设与管理，实施生态修复，控制海洋污染和生态破坏，保护海洋生态系统，在生态保护的基础上，整合现有资源，规范产业布局，合理发挥海洋公园的生态旅游功能，从而实现生态环境效益与经济社会效益的双赢，是厦门国家级海洋公园的一大特点。

（二）概况

厦门国家级海洋公园位于福建省厦门市厦门本岛东侧，自厦大白城往北延伸至五缘湾，含海域及依托陆域。海洋公园毗邻厦门珍稀海洋物种自然保护区，紧邻鼓浪屿—万石山风景名胜区。

厦门国家级海洋公园由两部分组成，第一部分南起厦门大学海滨浴场，沿环岛路向北延伸至观音山沙滩北侧，包括东部部分海域；第二部分为五缘湾（含五缘湾湿地公园），具体见图5-1。海洋公园总面积为24.87平方千米，其中陆地面积4.05平方千米，海域面积20.76平方千米，岛屿面积0.06平方千米。

海洋公园内的旅游景点主要有厦大浴场、胡里山炮台、书法广场、音乐广场、黄厝沙滩、香山游艇俱乐部、观音山沙滩、五缘湾、五缘湾湿地公园、上屿岛等。

（三）主要保护目标

厦门国家级海洋公园的重点保护对象为区内稀有的海洋生态景观、历史文化遗迹、地质地貌景观。

（1）地貌景观与历史文化遗迹。厦门国家级海洋公园是集海洋生态景观、历史文化遗迹、地质地貌景观为一体的海洋生态景观综合区，是国内沿海具有丰富海洋生态资源与独特海洋生态景观的海区，具有科学意义、稀有性、独特性和美学价值，必须加以保护。

（2）自然沙滩和岸线。这是厦门市最具优势的宝贵滨海旅游资源，对其实现国际性港口风景城市的目标具有重要战略地位与作用。必须充分认识到沙滩浴场的战略地位和作用，要把保护沙滩浴场和保护港口资源放在同等高度，特别加以保护。

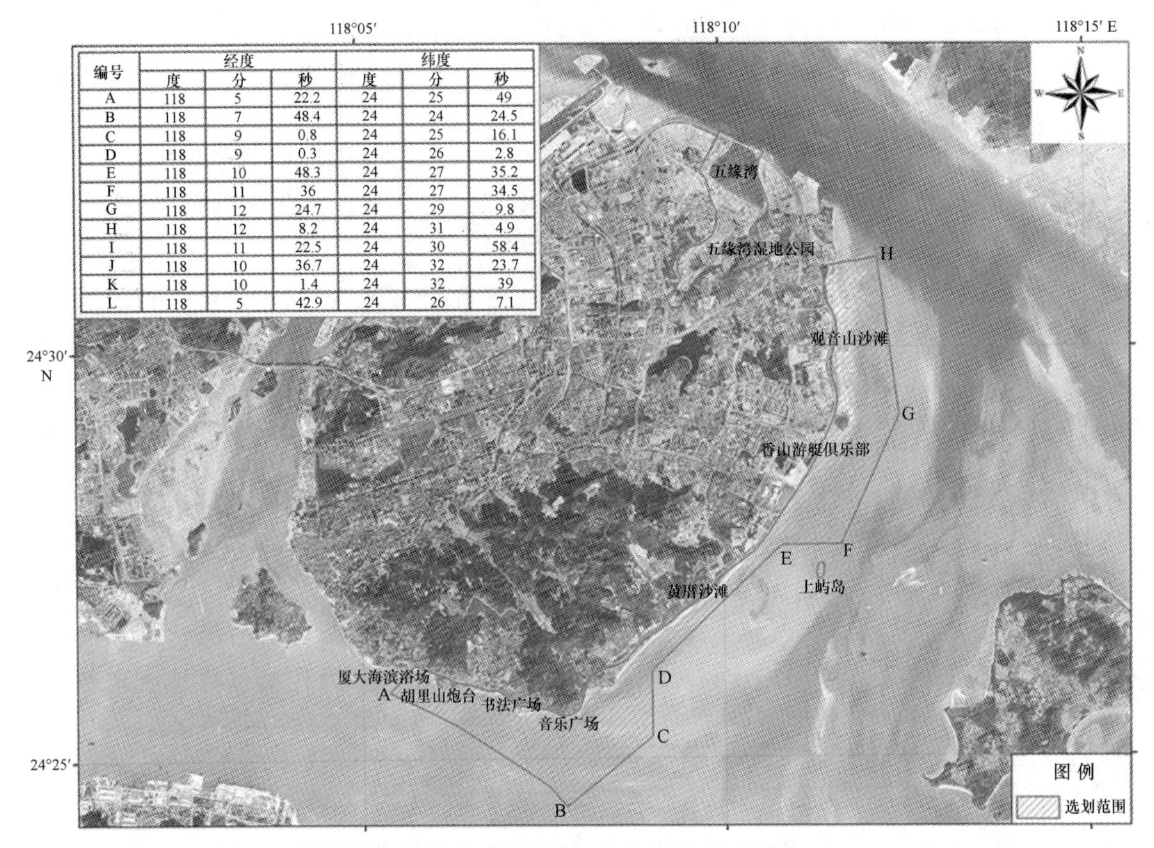

编号	经度			纬度		
	度	分	秒	度	分	秒
A	118	5	22.2	24	25	49
B	118	7	48.4	24	24	24.5
C	118	9	0.8	24	25	16.1
D	118	9	0.3	24	26	2.8
E	118	10	48.3	24	27	35.2
F	118	11	36	24	27	34.5
G	118	12	24.7	24	29	9.8
H	118	12	8.2	24	31	4.9
I	118	11	22.5	24	30	58.4
J	118	10	36.7	24	32	23.7
K	118	10	1.4	24	32	39
L	118	5	42.9	24	26	7.1

图 5-1　厦门国家级海洋公园范围

（3）海洋生态系统。区内生物多样性丰富，生态系统特殊。规划区内记录有国家一级保护动物中华白海豚，国家二级保护动物文昌鱼以及中国鲎等珍稀动物。这一海洋生态系统还是附近海域其他重要经济鱼类的繁殖与幼鱼生长栖息地。因此，该区海洋生态系统是一个极其特殊的生态系统，具有极高的保护价值。

（4）海洋文化。海洋文化是海洋经济战略的有机组成部分。它为实施海洋经济战略提供精神动力与智力支持。海洋公园的建设不仅促进海洋生态保护，满足区域经济发展的需求，而且还有利于加强海洋科普教育、展现海洋文化，使海洋主题活动所产生的效应实现规模聚集，有力地推动海洋文化的建设。

二、厦门海洋公园管理现状

（一）管理机构设置

1997 年 10 月 29 日，经厦门市编委批复，设立“厦门中华白海豚自然保护区管理处”，挂靠厦门市水产局所属厦门市渔政管理处。

1999 年 1 月 7 日，厦门市编委正式批准设立“厦门大屿岛白鹭自然保护区管理处”（厦委编〔1999〕001 号），其上级行政主管部门为厦门市环境保护局。

2002 年 9 月 25 日，厦门市人民政府机构改革中，中共厦门市委和厦门市人民政府在机构设置“三定方案”中成立了“厦门珍稀海洋物种国家级自然保护区管理委员会办公室”，并归属在新组建的厦门市海洋与渔业局（厦委办发〔2002〕95 号）。

厦门国家级海洋公园尚未成立“厦门国家级海洋公园管理处”，厦门国家级海洋公园自 2011 年成立以来相关的管理职责由厦门市海洋与渔业局资源环保处执行。厦门市海洋与渔业局已制定厦门国家级海洋公园管理机构建设方案，并就厦门国家级海洋公园管理处的定位、职责、职能等召开了座谈会。厦门市海洋与渔业局资源环保处，对海洋公园开展了实质性的管理工作，协调、组织、开展执法监管，查处公园内的违法违规行为，取得显著成效。截至 2016 年年底，投入厦门国家级海洋公园的各类经费约有 1 000 余万元，有力地保障了海洋公园的建设和管理需求。

从 2018 年 1 月开始由“厦门珍稀海洋物种国家级自然保护区管理委员会办公室”执行对厦门国家级海洋公园的管理职责。2019 年 5 月，转由厦门市自然资源和规划局负责统筹海洋公园的保护和管理工作。

（二）管理制度建设

1.《厦门市海域使用管理规定》

《厦门市海域使用管理规定》由 2003 年 5 月 29 日厦门市第十二届人民代表大会常务委员会第四次会议通过，由 2003 年 8 月 1 日福建省第十届人民代表大会常务委员会第四次会议批准。编制该规定的目的是为加强海域使用管理，保护海域生态环境，实施海洋功能区划，实现海洋资源的可持续开发利用，提高海域使用的经济和社会效益。

该规定指出“海域使用实行统一规划，综合利用，合理开发与治理保护相结合的原则”，成为厦门市制定海洋功能区划和海洋经济发展规划的依据。

该规定明确指出禁止使用海域的 6 种情形：①与厦门市海洋功能区划、海洋经济发展规划相抵触的；②破坏环境、资源、景观和生态平衡的；③导致航道、港区淤积及其他不利于港口建设发展的；④导致岸滩侵蚀的；⑤妨碍航行、消防、救护的；⑥法律、法规规定的其他禁止使用海域的项目。

同时也对使用某一固定海域从事排他性开发利用活动的行为进行了规定，使用3个月以上的，实行有期限的海域使用证制度和有偿使用制度，包括：①海岸与海洋工程（含围海、填海、码头、港池、海底管线、排污项目等）；②工业（含造船、修船、拆船、采矿等）；③旅游（含海上运动场、游乐场、娱乐场、餐宿场所等）；④渔业；⑤其他用海项目。使用3个月以下的，则需在厦门市海洋行政主管部门办理临时用海登记。

该规定不仅对海域使用方式做了规范，同时也对海域使用申请的流程、海域使用权、海域使用金等内容做了明确规定，为海洋公园范围内海域空间的科学、规范使用起到重要作用。

2.《厦门市海洋环境保护若干规定》

《厦门市海洋环境保护若干规定》由2009年11月26日厦门市第十三届人民代表大会常务委员会第十九次会议通过，由2010年3月26日福建省第十一届人民代表大会常务委员会第十四次会议批准。该规定指出，厦门市人民政府按照海陆统筹、集中协调、科学决策的原则，组织各有关部门建立海洋及海岸带综合管理机制，具体工作由市海洋行政主管部门组织实施。

该规定提出了实行海域排污总量控制制度。由市海洋行政主管部门根据海洋功能区划、海洋环境保护规划及本市海域环境容量，会同环保、渔业、海事等有关部门，制定本市主要污染物排海总量控制指标及其实施方案，报市人民政府批准并向社会公布。

该规定提出了严格的海洋生态保护措施，要求：①市海洋行政主管部门会同市环境保护行政主管部门制定厦门珍稀海洋物种国家级自然保护区的总体建设规划，按程序报批后组织实施；②禁止在厦门海域开采海砂，禁止在厦门海域中华白海豚保护区、文昌鱼保护区及其他依法设立的禁渔区进行捕捞，严格控制在厦门海域从事水产养殖；③市海洋行政主管部门根据本市海洋功能区划和保护海洋环境的需要，制定滨海岸线保护规划，并按程序报市人民政府批准后组织实施；④禁止任何改变鳌冠滨海自然岸线、环岛路滨海沙滩岸线、鼓浪屿岛屿岸线和东屿湾岸线的活动；⑤市人民政府应当加强滨海湿地、红树林等海洋生态系统的保护，按程序选划、建立同安湾西侧、下潭尾等海洋特别保护区；⑥鼓励保护渔业资源、维护海洋生态平衡的增殖放流；⑦市海洋行政主管部门对涉海工程建设项目的环境影响报告进行审核或者核准时，应当组织对海洋环境和生态影响程度进行评估论证，根据评估论证结果提出相应的海洋生态补偿意见，并监督实施。

该规定的出台，尤其是生态保护措施，有利于海洋公园沙滩岸线、海域空间的保护。

3.《厦门市中华白海豚保护规定》

《厦门市中华白海豚保护规定》由1997年10月18日厦门市人民政府令第65号颁布，1997年12月1日起施行。厦门中华白海豚自然保护区实行非封闭式管理，其范围界定为第一码头和嵩屿连线以北，高集海堤以南的西海域和钟宅、刘五店、澳头、五通四点连线的同安湾口海域，本市行政区域内的其他海域为保护区外围保护地带。

厦门市人民政府设立中华白海豚保护发展专项资金，专门用于中华白海豚资源的保护和厦门中华白海豚自然保护区的建设以及科学研究、宣传教育等活动。同时也鼓励国内外组织和个人捐赠，共同保护中华白海豚资源及其生存环境。

该规定是为保护珍贵、濒危的中华白海豚资源及其生存环境，维护生态平衡而制定的，相关措施对提升厦门海域整体环境、提高人民群众意识具有一定作用，同样有利于海洋公园的管理。

4.《厦门市文昌鱼自然保护区管理办法》

《厦门市文昌鱼自然保护区管理办法》是1992年9月29日颁布的。文昌鱼自然保护区是海洋类自然保护区，凡在自然保护区内从事科学研究、教学、生产经营、旅游观光、临时居住、避风锚泊等活动的单位和个人，都必须遵守本管理办法并有保护本区域海洋环境、生物资源、自然风貌及人文景观的义务。

厦门市海洋管理处是文昌鱼自然保护区的主管机关，保护区管理机构是保护区的综合行政管理部门，负责日常工作。其主要职责是：①贯彻执行国家有关海洋自然保护区的方针、政策；②执行本管理办法，根据本管理办法制定保护区管理措施和规章制度并监督实施；③制订本保护区总体建设规划和年度计划，并组织实施；④组织开展本保护区的调查监测和科学研究；⑤保护和恢复保护区生态环境，建立工作档案。

在保护区内禁止任何单位和个人从事下列活动：①兴建排污口，倾倒废物或排放有毒、有害物质；②投掷爆炸物品；③未经许可捕捞、采集文昌鱼；④擅自移动、搬迁和损坏保护区设施和标志物；⑤擅自设置建筑物及其他永久性设施；⑥其他直接或间接破坏海洋生态环境、损害海洋生物资源的行为。

该办法是为加强保护厦门海域的文昌鱼资源及其所在的自然生态环境而制定的，相关规定可以提升厦门海域整体环境，提高人民群众意识，同样有利于海洋公园的管理。

5.《厦门近岸海域水环境污染治理方案》

为了进一步改善厦门近岸海域水质，解决厦门海域水质面临的无机氮、活性磷酸盐等因子超标的问题，根据国家海洋局、省市政府领导的要求，结合《美丽厦门海洋生态文明建设工作方案》，在分析厦门海域水环境污染现状的基础上，2015 年制定此治理方案。

该治理方案的目标是：加强陆海统筹，建立陆海一体化的入海污染物总量控制制度；加快市政管网和污水处理设施建设，开展农村面源污染整治及小流域污染整治，减少陆源污染物入海；推进九龙江水环境综合治理；开展海域综合整治和生态修复，改善厦门海域水动力。到 2020 年全市主要地表水环境功能区达标率为 87%；本岛污水实现全截污、全处理；九龙江入海污染物得到有效控制；厦门海域水质基本达到功能区水质标准要求，其中河口区、西海域、同安湾海域、南部海域无机氮、活性磷酸盐达到三类海水水质标准；东部海域及大嶝海域无机氮、活性磷酸盐达到二类海水水质标准，海面干净、沙滩整洁。

该治理方案的目标是进一步改善厦门近岸海域水质，解决厦门海域水质面临的无机氮、活性磷酸盐等因子超标问题，对海洋公园范围内的水质同样具有提升作用。

（三）管理能力建设

1. 环境监测

从 2013 年开始，厦门市海洋与渔业局把厦门国家级海洋公园纳入年度监视监测工作范围，制定详细的工作方案，监测内容包括沙滩环境调查以及水文气象、水质、沉积物、生物等指标。海洋公园内的滨海旅游度假区、海水浴场预报已进入常态化。另外，每年的《厦门海洋环境状况公报》中专门列出厦门国家级海洋公园环境状况，供政府决策以及市民和游客查询了解。

2. 生态修复

2012 年，厦门市海洋与渔业局完成了会展中心长 2.2 千米，面积约 30 万平方米的沙滩修复工程，将该岸段直立式人工堤前淤泥质潮滩、混浊的水体以及滩面凌乱的局面变成相对稳定和美丽的黄金海岸，对该段海岸与海滩的侵蚀具有一定防护作用。

2014 年，争取到中央海域使用金 4 519 万元，完成厦门市鼓浪屿海岛整治修复及保护项目、厦门市国家级海洋公园特别保护区能力建设与生态修复项目、厦门东南海岸天泉湾岸段整治修复项目和厦门市海岸带及湿地公园引种修复项目等4个项目的建设任务，累计修复岸线长1.685千米，填沙18.48万立方米，完成会展中心岸段、曾厝垵岸段及天泉湾岸段的沙滩清理与保护工程；开展五通岸段岸线沙滩修复前期工作。

2014年完成厦门环岛路沙滩段（演武大桥—长尾礁）排洪管涵修复工程，累计修复环岛路沿线至少56处排洪管涵，完善了厦门到东南部沿海区域的市政排水设施，解决了环岛路沿线的雨涝排放问题。

2015年完成了下潭尾红树林一期工程建设和厦门市海岸带及湿地公园引种中心建设。

2016年1月，厦门市观音山人造沙滩受到严重油污染，总污染面积约3 000平方米，经应急处理，清理出受污染沙子约2 400立方米。为防止造成二次污染，厦门市海洋与渔业局委托第三方对观音山人造沙滩组织实施了生物修复工程。修复工程运行半年后，效果明显，修复后的沙子洁净程度已符合使用要求。相关领域专家认为，厦门的修复技术与施工工艺可为国内类似油污染问题的生物修复提供借鉴。

3. 环境执法

2013年12月，厦门市海洋与渔业局与厦门市环保局共同组织召开了海洋环保联席会议。会上，双方共同回顾了《厦门市环境保护局 厦门市海洋与渔业局关于建立完善海陆一体化海洋环境保护工作机制框架协议》的主要内容，并就如何共同推进海域排污总量控制、加强厦门近岸海域环境监测与评价、强化海洋环境保护监督管理、海洋环境事件应急管理、厦门珍稀海洋物种国家级自然保护区管理等内容进行了研讨。在此基础上，双方组织进行了2次联合执法检查，进一步形成海洋环境保护工作合力。

机构改革后，随着涉海相关部门职能不断整合和强化生态环境保护执法力度，厦门国家级自然保护区的综合执法不断取得成效。2020年年初，保护区事务中心联合厦门市海洋综合行政执法支队、海沧区农业农村局、海沧分局边防大队等单位开展联合执法行动，对白鹭自然保护区周边滩涂和浅水区的非法捕捞网具进行清理，打击非法破坏海洋环境行为，保护白鹭等珍稀海洋物种的生存空间。另外，为有效打击各类海上违法犯罪活动，维护海上治安秩序和海洋生态环境，厦门海警局也不断加大海上巡查管控力度，近年来，对厦门珍稀海洋物种国家级自然保护区外围保护地带的非法活动保持严打高压态势。

4. 国际交流与合作

2014年8月27—28日，成功举办APEC第四届海洋部长会议。来自APEC 19个成员、

APEC 秘书处等相关国际组织的 200 多名代表出席会议。重点讨论海洋生态环境保护和防灾减灾、海洋在粮食安全及相关贸易中的作用、海洋科技创新、蓝色经济等 4 个重点议题，并通过了《APEC 第四届海洋部长会议厦门宣言》。

每年 11 月在厦门举办“国际海洋周”，重点围绕海洋环境保护与管理、21 世纪海上丝绸之路建设、海洋可持续发展等进行交流合作。2018 年 11 月，“厦门国际海洋周”期间，围绕海洋公园管理这一主题，召开了“中国—东南亚国家海洋公园管理及海洋生态保护研讨会”，与会人员就海洋公园管理问题进行了深入的讨论。

5. 宣传教育

每年 11 月在厦门举办“国际海洋周”，通过国际海洋周宣传海洋环境保护与管理、海洋文化知识。

每年 6 月 8 日，充分利用“6.8 世界海洋日暨全国海洋宣传日”平台，积极开展海洋文化科普与海洋意识教育活动。

充分利用《中国海洋报》《厦门日报》、厦门电视台等报纸媒体进行海洋文化的宣传，在《中国海洋报》《厦门日报》开辟宣传专栏，在厦门电视台海洋视点栏目宣传海洋工作。

建立海洋科普教育基地。已建成火烧屿海豚救护繁育基地及中华白海豚科普馆等海洋宣传教育基地。2016 年建成了海峡两岸科技展示馆，成为全国首个海洋科技展示馆，并为展示厦门海洋科技提供了重要窗口。

2013 年，厦门科技中学被评为“全国海洋意识教育基地”。2014 年，海沧天心岛小学和厦门大学被国家海洋局批准为“全国海洋意识教育基地”。

2014 年 9 月 29 日，建成厦门世纪中心中华白海豚文化广场。

2019 年，首批授牌的“厦门海洋文化产业与海洋意识宣传教育”研学基地包括厦门大学海洋科技博物馆、集美大学水产学院自然科学馆、厦门海堤纪念公园及纪念馆、厦门海底世界、厦门帆传航海文化发展有限公司、厦门市海洋与渔业研究所、自然资源部第三海洋研究所、厦门火烧屿白海豚救护基地、厦门蓝湾科技有限公司、厦门东海学院、厦门市何厝小学，为厦门海洋文化的宣传教育做出积极贡献。

三、厦门海洋公园管理经验

（一）选划与分区经验

1. 坚持陆海统筹，践行海岸带综合管理

为解决海洋开发与环境资源之间存在的矛盾，从20世纪90年代开始，厦门就推行了一系列规范海洋资源开发的措施，并于1994年正式启动并实施海岸带综合管理。经过20余年的实践，厦门摸索出了“立法先行、集中协调、科技支撑、综合执法、公众参与”的海岸带综合管理模式。近年来，为有效提升海域使用功能，厦门率先将海域管理的重点从海域空间管理向海域资源管理和生境管理层面提升，开展了大规模海域综合治理，调整用海结构，优化海域空间布局，修复海域资源，提升海域生态服务功能，促进了海域资源的可持续利用。

厦门市国家级海洋公园的选划与分区，综合考虑海、陆的资源环境特点，海域、海岛的区位以及自然资源和环境等自然属性，确定集海洋生态景观、历史文化遗迹、地质地貌景观为一体的海洋生态景观综合区，包括陆地面积4.05平方千米，海域面积20.76平方千米，岛屿面积0.06平方千米，在海、陆资源环境生态系统的承载力、社会经济系统的活力和潜力基础上规划建设厦门国家级海洋公园。

海洋公园内海洋生物物种丰富，包括国家一级保护动物中华白海豚，国家二级保护动物文昌鱼以及中国鲎等珍稀动物。海岛、基岩石岸线、沙滩等生态类型多样，区域内拥有典型的花岗岩石蛋地貌景观和海蚀地貌景观，海滩岩、泥炭层和三级明显的阶地，具有特殊的教学、科研、科普与观赏旅游价值。厦门国家级海洋公园的规划与建设以促进海岸带开发和保护协调发展、生态及环境资源的可持续利用作为重点，有效解决海岸带地区面临的开发与保护问题。

2. 尊重自然、以自然属性为首要条件

对于海洋公园而言，海域和海岛的区位、自然资源和环境等自然属性是确定功能分区的首要条件，它决定海洋资源利用与保护的合理性。社会条件和社会需求等社会属性则是确定功能分区的重要条件，它决定了应选择何种功能（或功能顺序）以实现最佳效益。因

此，厦门国家级海洋公园的重点保护区，就充分考虑了当地的区位、自然资源和环境等自然属性，涵盖珍稀濒危海洋生物物种、经济生物物种及其栖息地，以及具有一定代表性、典型性和特殊保护价值的自然景观、自然生态系统和历史遗迹作为主要保护对象的区域，面积共约 1.53 平方千米，占海洋公园总面积的 6.15%。重点保护对象为区域内自然沙滩、礁石、岸线等。

重点保护区的目标是维持现状，实行严格的保护制度，除环境压力较小的以沙滩、浴场等为主的相关旅游活动外，禁止其他一切开发活动。通过在区域内实施各种资源与环境保护协调管理以及防灾减灾措施，防止、减少和控制沙滩、滩涂、湿地、礁石以及生态环境遭受破坏。

3. 平衡开发与保护的关系

在保护为主的前提下，根据海洋自然资源和环境条件，充分考虑地方和行业对海洋开发利用的需求，安排必要的和可行的利用功能。例如，适度利用区，是指根据自然属性和开发现状，可供适度利用的海域或海岛区域。适度利用区是厦门国家级海洋公园的主要景观带，分为 4 个亚区，分别为东南海岸度假旅游区、五缘湾度假旅游区、香山国际游艇码头、上屿观光区等。适度利用区总面积约为 22.01 平方千米，约占公园总面积的 88.5%。在该区域内，在确保海洋生态系统安全的前提下，允许适度利用海洋资源。鼓励和实施与保护区目标一致的生态型资源利用活动，如发展生态旅游等海洋生态产业。

4. 充分体现地方文化特色

在保护和保持巩固现有景观资源特色的基础上，突出厦门国家级海洋公园滨海的自然生态特征和地域民俗文化特色，进行功能布局，充分利用和体现海洋公园内的人文特点、生态文化及资源特色。厦门因其特殊的地貌类型、良好的自然环境及特有的社会发展历史，形成了类型多样、特色鲜明、品位极高的生态旅游资源。海洋公园内环岛路将胡里山炮台、台湾民俗村、金山松石、“一国两制　统一中国”标语牌，以及庙宇、古树、奇石等景观串连成内容丰富的海滨旅游观光带，整个规划区内多样的旅游资源类型既相互独立，又有机联系，形成独特的项链式山海景观。

（二）管理保障经验

1. 立法先行，奠定海洋综合管理基础

厦门市人大、市政府先后制订出台了《厦门市海域使用管理规定》《厦门市海洋环境保护若干规定》《厦门市中华白海豚保护规定》《厦门市无居民海岛保护与利用管理办法》等10多部涉海法规。在规划方面，也先后制定了《厦门市海洋功能区划》《厦门海洋经济发展规划》《厦门海域使用规划》《厦门无居民海岛保护与利用规划》《厦门海洋环境保护规划》《厦门珍稀海洋物种国家级自然保护区总体规划》等一系列涉海规划，以及《厦门市文昌鱼自然保护区管理办法》《厦门市大屿岛白鹭自然保护区管理办法》《厦门市中华白海豚保护规定》等海洋保护区管理规定，形成了较为完整的立法和海洋规划体系，为海洋综合管理的科学化、规范化奠定了坚实的基础。

2. 综合执法，加强用海监督检查

2004年，厦门在全国率先整合组建属于行政编制的海洋综合行政执法支队，之后不断理顺体制、机制，组建了海上综合治安巡逻大队，建立了9家涉海执法部门共同参与的厦门市海上联合执法工作机制，组织开展海上联合执法行动，大大提高执法能力；建立厦门、漳州、泉州海洋执法城市联盟机制，协调厦漳泉三市海洋执法行动，解决跨行政区域的海洋管理问题。采取昼夜巡查、联合行动、重点执法、突击打击等多种执法方式，基本上遏制了非法捕捞、采砂、倾废、围填海等违法行为。

（三）海洋公园建设经验

1. 将海洋公园基础设施建设融入厦门市政建设

厦门国家级海洋公园区域内交通四通八达，道路基础设施完善。海洋公园距厦门高崎国际机场最远距离约21千米，最近距离约5.5千米，车程为15~30分钟；距厦门火车站最远距离约12.5千米，最近距离约7.6千米，车程为15~20分钟；距厦门国际邮轮码头最远距离约14.5千米，最近距离约8.3千米，车程为15~20分钟。海洋公园内有双向4车道的环岛路贯穿，开设多条公交线路和两条旅游巴士线路，环岛路同时为区域内主要景观的连接线，很好地满足了游客在不同景点之间的穿梭、转换的需要。

厦门对外交通的便利性也是海洋公园旅游发展的重要基础。高崎国际机场为4E级民用国际机场，是中国东南沿海重要的区域性航空枢纽，为中国十二大干线机场之一。厦门港为全国十大港口之一，与世界40多个国家和地区的60多个港口通航。厦门铁路运输便捷，占全省铁路发送量的1/5。公路方面，厦门处在福厦高速公路与厦漳龙高速公路的交汇点，是福建省东南交通枢纽。便捷的陆海空立体交通设施，为游客进出厦门提供了便利。

海洋公园内及厦门市区内酒店众多，满足游客餐饮、住宿需要。截至2019年，厦门共有4 307家酒店提供住宿，其中中高端酒店（四、五星级酒店及四、五星级标准酒店）212家，主要聚集分布于环岛路/黄厝海滨浴场/会展中心、中山路、白鹭洲/厦鼓码头、厦门火车站、SM城市广场、鼓浪屿、五缘湾七大商圈①，完全能够满足游客住宿、餐饮需要。

海洋公园区域内其他基础设施配套完善，如邮电、供水供电、商业服务、科研与技术服务、园林绿化、环境保护、文化教育、卫生事业等方面的基础设施配套完善、合理，基本能够满足建设成为国家级海洋公园后大量游客来旅游、度假的需要。

2. 实施生态修复，促进旅游发展

（1）沙滩修复。出台《厦门市海洋环境保护若干规定》，明确禁止任何改变环岛路滨海沙滩岸线等的开发活动；以规划来指导沙滩修复工作，在全省率先编制海岸线保护规划，重点保护厦门沙质岸线等公众亲海岸线，增加沙滩等软质岸线比重，将整个厦门海域的沙滩岸线全部划分为特殊保护岸线、重点保护岸线，为沙滩岸线的保护与利用提供规划依据；制定沙滩修复分区规划，将沙滩修复划分为沙滩重建区、沙滩景观区、沙滩养护区及沙滩修复区等4种不同类型的区域。目前已完成香山—长尾礁沙滩的修复，形成长1.5千米、面积24万平方米的人工沙滩；完成会展中心岸段长2.2千米、面积约30万平方米沙滩修复和沙滩海洋文化广场景观工程以及环东海域岸段4千米的人工沙滩工程。沙滩修复工程的开展，使得该区域沙滩华丽转身，成为厦门市最知名的沙滩文体赛事活动区，风景优美的滨海浴场和休闲旅游度假区，吸引了许多海内外游客的到来。

（2）滨海滩涂生态修复。下潭尾湿地生态公园建设项目，作为国家蓝色海湾整治项目之一，已完成一期工程建设。经过人工修复和管理养护，红树林面积达到60公顷，红树林独有的潮间生态系统也已形成。在下潭尾滨海湿地生态公园一期建设的基础上，厦门市海洋发展局还推进了二期建设，未来此处的红树林种植面积将达85公顷。该湿地公园建成

① 《2019年度厦门中高端酒店市场大数据分析报告》，https：//www. meadin. com/208555. html.

后，将形成一个集科普、环境保护、旅游、休闲、观赏于一体的湿地生态公园。

（四）宣传教育经验

（1）注重海洋历史文化保护与传承。厦门拥有众多的海洋历史文化景观，如胡里山炮台、鼓浪屿日光岩郑成功兵寨和水操台；“一国两制 统一中国”标语牌等宝贵的人文景观与历史文化景观资源，为了更好地保护这些历史文化遗产，厦门市建立了市非物质文化遗产名录。同时，每年都会举办郑成功文化节、保生慈济文化节、沙滩文化节、海峡两岸龙舟赛等海洋文化遗产传承活动。

（2）打造海洋文化品牌，带动海洋产业发展。每年举办“国际游艇帆船赛”“新年帆船赛”“大学生帆船赛”“海峡杯帆船赛”“中国俱乐部杯帆船赛”“海洋音乐专场巡演”“沙滩文化节”等品牌赛事和各项活动，特别是“厦门”号帆船独闯天涯首次成功完成全球海洋环行，弘扬敢拼会赢的厦门海洋精神。进一步挖掘海洋文化内涵，推动海洋文化产业的发展。

（3）完善海洋文化基础设施建设。厦门拥有火烧屿濒危物种保护中心科普馆、厦门国家级海洋公园书法家广场、音乐广场、海峡两岸科技馆、厦门博物馆等涉海公共文化设施，这些设施全部免费向公众开放。同时，积极组织开展厦门海洋文化博物馆、厦门海洋文化公园建设的前期工作，以进一步丰富海洋文化设施。

（4）加强海洋文化宣传与科普教育。厦门十分注重海洋文化的宣传与教育，每年都会开展形式多样的海洋文化宣传及科普活动，包括结合每年的“世界海洋日”“世界环境日”“世界湿地日”“全国海洋宣传日”“全国海洋防灾减灾日”“国际海洋周”等开展多次大型宣传专题活动，在全社会营造了“保护海洋、关爱海洋、合理开发利用海洋”的良好氛围，使社会公众的海洋意识不断得到加强。

第二节　涠洲岛海洋公园实践

一、涠洲岛海洋公园概述

（一）海洋公园建设背景

珊瑚礁生态系统是一种重要的海洋生态资源，对于调节和优化热带海洋环境、提高海洋生产力具有重要的作用，具有广阔的可持续利用前景；同时它也是一个脆弱的生态系统，极易受到破坏。因此，珊瑚礁生态系统的恢复和保护是当前国际社会非常重视的一个热点课题。

广西涠洲岛是广西壮族自治区唯一拥有珊瑚礁的海区，是世界珊瑚礁的重要组成部分，具有较高的保护与科学研究价值。涠洲岛周边海域，珊瑚礁资源发育良好，生物多样性丰富，生物种类较多，据报道至少有46种珊瑚（分属22个属）。涠洲岛沿岸浅海珊瑚种群主要分布于北部、东部和西南部，沿岸水深在1~12.5米，尤以3~8米的近岸浅水区生长发育最好。但随着全球气候变化和涠洲岛经济社会发展，珊瑚礁白化严重，亟须实施保护措施。

根据多年调查结果分析，当前涠洲岛珊瑚礁生态系统处于被破坏之后的自然恢复过程中。据广西海洋局与国家海洋局北海海洋环境监测中心站调查资料，2003年涠洲岛珊瑚礁发生大面积白化，珊瑚死亡率高达80%。从20世纪60年代至21世纪初期一直占据优势的鹿角珊瑚种群出现退化，从顶级优势类群降级更替；珊瑚礁属种的多形态组合向相对简单形态组合演变；历年来的珊瑚礁伴生生物（主要是鱼群数量、海参等）资料显示，涠洲岛珊瑚礁群落生物多样性呈现衰退态势。在2003年东部、北部海域硬珊瑚大面积死亡后的10年时间里，恢复很慢。

究其原因，除全球性的海平面上升、海水温度升高、海水酸度上升等因素影响珊瑚生存外，涠洲岛上人类的生产、生活及旅游业的发展等人为活动对珊瑚礁的负面影响日益严重。近几年，该海域无序开发状况加重，岛上生产、生活污水直接排放以及渔船的抛锚和油污造成局部海域污染，过度捕鱼和海水养殖的增加以及当地居民和外来游客大量非法挖采珊瑚等行为致使大量珊瑚面临死亡的威胁。

我国于20世纪末通过并实施了《中华人民共和国海洋环境保护法》，其中第二十条规定：国务院和沿海地方各级人民政府应当采取有效措施，保护红树林、珊瑚礁、滨海湿地、海岛、海湾、入海河口、重要渔业水域等具有典型性、代表性的海洋生态系统，珍稀、濒危海洋生物的天然集中分布区，具有重要经济价值的海洋生物生存区域及有重大科学文化价值的海洋自然历史遗迹和自然景观；对具有重要经济、社会价值的已遭到破坏的海洋生态，应当进行整治和恢复。《中华人民共和国海洋环境保护法》还在第二十三条中特别强调：凡具有特殊地理条件、生态系统、生物与非生物资源及海洋开发利用特殊需要的区域，可以建立海洋特别保护区，采取有效的保护措施和科学的开发方式进行特殊管理。而海洋公园就是海洋特别保护区的一种新的形式。

广西涠洲岛珊瑚礁国家海洋公园的建立，一方面顺应国际国内潮流，保护了海洋环境，保护了生物多样性，具有重要的科学意义和现实意义；另一方面，随着海洋环境的保护和优化，生物多样性、海洋资源将得到进一步的丰富，具有重要的社会经济意义。

（二）概况

广西涠洲岛珊瑚礁国家级海洋公园于 2012 年 12 月 21 日经国家海洋局批准成立，位于广西壮族自治区北海市南部涠洲岛周边海域，地理坐标在，20°59′29. 58″—21°5′20. 54″N，109°3′51. 67″—109°9′55. 29″E 之间。涠洲岛隶属于广西壮族自治区北海市涠洲镇，北距北海市约 26 海里，东望广东雷州半岛，东南与斜阳岛毗邻，南与海南岛隔海相望，西部面向越南。涠洲岛岛形近似于圆形，东西宽约 6 千米，南北长约 6. 5 千米，面积约 24. 74 平方千米，是广西沿海最大的岛屿，同时也是中国最大、地质年龄最年轻的火山岛。涠洲岛为“中国最美的十大海岛”之一，其朝外海方向，呈现沙堤—海滩—礁坪珊瑚生长带等生物地貌类型，珊瑚暗礁相当发育，礁坪宽 400～1 025 米，珊瑚生长带宽 200～660 米。

涠洲岛海洋公园位于涠洲岛东北面和西南面、离岸 500 米以外至 15 米等深线的海域，范围涵盖了涠洲岛周边海域现代活珊瑚覆盖度较高（>5%）的区域，总面积约为 2 512. 92 公顷。

二、涠洲岛珊瑚礁国家级海洋公园管理现状

（一）管理机构设置

广西涠洲岛珊瑚礁国家级海洋公园于 2012 年 12 月经国家海洋局批准建立，自海洋公园建立以来，北海市政府高度重视，北海市编办于 2013 年 11 月批复成立了广西涠洲岛珊瑚礁国家级海洋公园管理站，为正科级财政全额拨款事业单位，隶属于北海市海洋局，核定编制人数 4 名，1 名站长，1 名副站长和 2 名技术人员，全面负责海洋公园的建设和保护管理工作。有 1 名工作人员长期驻岛进行海洋公园的日常巡护。

广西涠洲岛珊瑚礁国家级海洋公园管理站职责：

（1）贯彻落实国家及地方有关海洋生态保护和资源开发利用的法律法规与方针政策；

（2）制订实施海洋公园管理制度；

（3）制订实施海洋公园总体规划和年度工作计划，并采取有针对性的管理措施；

（4）组织建设海洋公园管理、监测、科研、旅游及宣传教育设施；

（5）组织开展海洋公园日常巡护管理；

（6）组织制订海洋公园生态补偿方案以及生态保护与恢复规划、计划，落实生态补偿、生态保护和恢复措施；

（7）组织实施和协调海洋公园保护、利用和权益维护等各项活动；

（8）组织管理海洋公园范围内的生态旅游活动；

（9）组织开展海洋公园监测、监视、评价、科学研究活动；

（10）组织开展海洋公园宣传、教育、培训及国际合作交流等活动；

（11）建立海洋公园资源环境及管理信息档案；

（12）发布海洋公园相关信息；

（13）其他应当由海洋公园管理机构履行的职责。

（二）管理制度安排

1. 管理办法

2013 年 10 月已研究编制完成了《广西涠洲岛珊瑚礁国家级海洋公园管理办法》（以下简称《管理办法》）初稿，2014 年 10 月已征求相关部门意见并在北海市海洋与渔业局官方网站上（http：//www. bhhyj. com）进行公示。至 2019 年 12 月，还在不断完善阶段，再报市政府审批。

《管理办法》对《广西涠洲岛珊瑚礁国家级海洋公园总体规划》（以下简称《总体规划》）的编制做了规定，要求遵循资源可持续利用、与社会经济发展相协调、体现综合效益的原则，明确海洋公园发展目标、功能分区、保护措施、重点建设项目。组织编制的海洋公园《总体规划》，经市人民政府审核后，报上级海洋行政主管部门批准并组织实施。对于海洋公园的功能分区也提出了要求，根据主导功能、生态环境、资源状况等特点及管理需要，划分为重点保护区、适度利用区，海洋公园的界线和功能区域不得随意变更，确需变更的，按程序报原批准机关批准。

对于重点保护区和适度利用区提出了下列管理要求：①在重点保护区内禁止实施与重点保护区保护无关的工程建设活动；②在适度利用区内可以适度利用海洋资源，实施与保护区保护目标相一致的生态型资源利用活动；③在适度利用区内可以采取适当的人工生态整治与修复措施，恢复海洋生态环境与资源；④在适度利用区内可以适度利用海洋资源，但不得改变区内的自然生态条件。

2. 总体规划

2012 年国家海洋局（国海环字〔2012〕861 号）批复成立“广西涠洲岛珊瑚礁国家级海洋公园”，确定了其保护和恢复珊瑚礁生态系统的首要任务，并明文规定“保护区的面积、范围和功能分区不可随意调整和改变”。《总体规划》是以《中华人民共和国海洋环境保护法》第二十条规定为法律依据，以《海洋特别保护区管理办法》（国海发〔2010〕21 号）为政策支持，对涠洲岛周边海域珊瑚礁生态系统进行保护和合理开发利用。《总体规划》根据《海洋特别保护区管理办法》和《海洋特别保护区功能分区和总体规划编制技术导则》的要求，在已批准的《广西涠洲岛珊瑚礁国家级海洋公园选划论证报告》框架内，结合涠洲岛珊瑚礁保护与适度开发的实际，对海洋公园的具体区划范围及功能分区进行总体规划，确保涠洲岛珊瑚礁国家级海洋公园建设的顺利实施和涠洲岛珊瑚礁生态系统的保护与恢复。

《广西涠洲岛珊瑚礁国家级海洋公园总体规划》自从 2016 年编制以来，陆续经过多次修改完善，2017 年完成了市级相关单位的意见征求，2018 年 5 月 3 日召开了海洋公园总体规划专家评审会，并通过专家组评审。2020 年 7 月，开展与北海市林业局联合上报的工作。总体规划为海洋公园和建设和管理提供重要技术支撑。开展总体规划编制及实施，目的在于加强涠洲岛珊瑚礁生态系统及其功能的保护和恢复，科学合理利用珊瑚礁资源，促进涠洲岛海洋经济与社会的可持续发展。涠洲岛珊瑚礁国家级海洋公园的建成，必将使已遭受严重破坏的珊瑚礁资源得到有效恢复，促使涠洲岛珊瑚礁生物群落结构和生态系统在尽可能减少人为干扰的情形下实现正常自然演替，逐渐恢复最佳状态，从而实现世界范围内珊瑚礁生态系统的健康和完整性。

（三）管理制度

海洋公园建立了内部管理制度，颁布实施的管理制度包括《广西涠洲岛珊瑚礁国家级海洋公园管理站工作规则》《管理站预算管理制度》《管理站建设项目制度》《管理站政府采购制度》等。

（四）管理能力

自 2012 年广西涠洲岛珊瑚礁国家级海洋公园成立以来，国家和地方政府高度重视海洋公园的建设和环境监督管理工作，投入了近 3 000 万元用于海洋公园建设和管理，海洋公园管理能力不断提升。

（1）项目实施情况：近年来实施的工程项目主要包括珊瑚礁生态试验基地（珊瑚礁国家级海洋公园科技馆）、海洋公园配套监视监控设施、珊瑚礁生态恢复示范工程。①珊瑚礁生态试验基地（珊瑚礁国家级海洋公园科技馆）项目于2013年11月完成了项目立项工作，2016年完成了项目主体工程的设计方案。2017年珊瑚礁生态试验基地建设项目完成用地报批手续，并开展规划设计工作。②海洋公园配套监视监控设施主要包括海洋公园海水边界航标、珊瑚礁在线监测系统、智能光电雷达警戒仪三部分。海水边界航标投放工作已完成。珊瑚礁在线监测系统、智能光电雷达警戒仪等仪器设备已完成采购。③珊瑚礁生态恢复示范工程于2016年开始启动，2017年6月完成了珊瑚礁资源本底调查报告。至2020年7月，珊瑚礁生态恢复示范工程（一期）项目已完成：珊瑚礁本底调查和可恢复性评估工作；恢复区边界设立工作；20 000株珊瑚幼苗的培育和移植工作；200个珊瑚苗圃的制作与投放工作；400个生物礁体的制作与投放工作。此外，定期对培育的珊瑚生长状况进行监测以及对苗圃床附着物清理。

（2）环境监测：广西涠洲岛珊瑚礁国家海洋公园每年至少组织1次关于海水水质、沉积物、浮游动物、浮游植物和珊瑚群落的监测，掌握保护区内生态环境状况及主要保护对象状况，初步建立起监测信息数据库。1名工作人员常年驻岛进行海洋公园的日常巡护。管理机构基本掌握海洋公园区内的开发利用活动，并开展了全面的监测工作，同时实施了生态补偿等措施，加强了对海洋生态环境的保护。

（3）环境执法：海洋公园管理站联合北海市海洋与渔业局每年开展多次涠洲岛珊瑚礁专项联合执法活动，及时纠正违法用海、破坏珊瑚行为。

（4）宣传教育：在海洋公园周边搭建了6块海洋公园宣传指示牌。海洋公园及北海市海洋与渔业局相关工作人员定期到涠洲岛社区分发海洋公园介绍资料，进行珊瑚礁保护的宣传教育活动。

三、涠洲岛珊瑚礁国家级海洋公园管理经验

（一）功能分区经验

1. 保护优先原则

在空间尺度上，任何功能区及其功能都与该区域甚至更大范围的自然环境和社会经济

因素相关。海域和海岛的区位、自然资源和环境等自然属性是确定功能分区的首要条件，它决定了海洋资源利用与保护的合理性。涠洲岛珊瑚礁国家级海洋公园以保护涠洲岛珊瑚礁生态系统为中心，划定海洋公园珊瑚礁重点保护区，即公山珊瑚礁重点保护区，位于涠洲岛东北部沿岸海域，总面积为 1 278.08 公顷，占整个海洋公园面积的 50.86%，是重点保护珊瑚礁生态系统及其生境的区域。

该区礁坪宽度最大，达 1 025 米，珊瑚生长带为涠洲岛沿岸最宽，达 660 米，礁坪上块状珊瑚零星分布，局部有枝状珊瑚密集生长，匍匐鹿角珊瑚、美丽鹿角珊瑚为优势种群，本区域的优势种为佳丽鹿角珊瑚、交替扁脑珊瑚和标准蜂巢珊瑚，活珊瑚覆盖率局部达 70%。

2. 与地方社会经济协调发展的原则

划定海洋功能时，在保护为主的前提下，应根据海洋自然资源和环境条件，充分考虑地方和行业对海洋开发利用的需求，安排必要的和可行的利用功能。应与相关海洋功能区划和现有的规划保持协调一致，以促进海洋经济和社会可持续发展。例如，珊瑚礁资源适度利用区，包括坑仔珊瑚礁资源适度利用区和竹蔗寮瑚礁资源适度利用区两部分，总面积 1 234.84公顷，占整个海洋公园面积的 49.14%，规划开展以珊瑚礁观光、休闲垂钓的生态旅游和休闲渔业等适度利用海洋资源的活动，但不得改变区内的自然生态条件。

坑仔珊瑚礁资源适度利用区位于涠洲岛东南部沿岸海域，面积为 543.44 公顷，占海洋公园总面积的 21.63%。该区礁坪宽 475 米，有枝状和匍匐状鹿角珊瑚、多枝鹿角珊瑚和普哥滨珊瑚，珊瑚生长带宽 350 米，以叶状牡丹珊瑚占优势，常见种有标准蜂巢珊瑚、小片菊花珊瑚和中华扁脑珊瑚等，活珊瑚覆盖率局部达 60%。

竹蔗寮瑚礁资源适度利用区位于涠洲岛西南部沿岸海域，面积为 691.40 公顷，占海洋公园总面积的 27.51%。该区礁坪宽 215 米，以直枝鹿角珊瑚、多枝鹿角珊瑚、叶状蔷薇珊瑚为优势种，珊瑚生长带宽 215 米，以标准蜂巢珊瑚、网状菊花珊瑚和十字牡丹珊瑚为优势种，珊瑚枝高 40~85 厘米。

（二）管理保障经验

1. 管理机构设置

广西涠洲岛珊瑚礁国家级海洋公园建立以来，北海市高度重视，将其列入了市政府重点项目，按照北海市政府建设项目“四定”要求积极推进海洋公园建设。2013 年 11 月，北海市海洋局向北海市人民政府申请成立了专门的海洋公园管理机构——“广西涠洲岛珊瑚礁国家级海洋公园管理站”，属北海市海洋局下属事业单位，全面负责海洋公园的建设和保护管理工作，内设编制 4 名，包含管理岗 2 名，专业技术岗 2 名。

2. 管理制度建设

2014 年 2 月，海洋公园制定了《广西涠洲岛珊瑚礁国家级海洋公园管理办法》（已报北海市政府待批）。建立了海洋公园内部管理制度，颁布实施的管理制度包括《广西涠洲岛珊瑚礁国家级海洋公园管理站工作规则》《管理站预算管理制度》《管理站建设项目制度》《管理站政府采购制度》。

3. 监管工作

对海洋公园边界浮标实行常态化管护。

①每天记录浮标运转状态，第一时间掌握浮标设备是否正常，每月初向北海市海事局北海通航管理处提交海洋公园浮标上月运行状况有关数据，有效提高浮标监管力度。

②定期出海巡护检查边界浮标，并做好有关维护工作。

③组织供应商对海洋公园浮标进行维护工作。

（三）海洋公园建设经验

广西涠洲岛珊瑚礁国家级海洋公园，在中央海域海岛资金的支持下，组织开展了海洋公园珊瑚礁生态修复，至 2020 年 7 月，已完成 20 000 株珊瑚幼苗的培育，恢复区域达 8 公顷。

广西涠洲岛珊瑚礁国家级海洋公园管理站定期对海洋公园进行巡护以及对边界浮标维护、维修，保证海洋公园区域尤其是重点保护区内不出现人为捕捞以及炸鱼等破坏珊瑚的行为。

对海洋公园珊瑚的保护，单单借助管理机构修复是不够的，更多是需要借助外界的力量共同参与。因此，管理站的工作人员积极开展科普宣传，拿着珊瑚保护宣传手册，走家串户，向当地居民讲解保护珊瑚的重要性，在旅游旺季委托旅游公司向游客发放宣传册子以及在游客流量密集区域设立有关广告牌。

第六章　国外海洋公园管理经验借鉴

第一节　美国海洋公园特征及管理经验

一、美国海洋公园概述

1872年建立的黄石国家公园是美国第一个国家公园，也是世界上第一个国家公园。1872年，美国国会通过了《设立黄石国家公园法案》，美国总统格兰特签署了该项法案，将黄石这片土地规定为国有，将其定性为“供人们游乐和造福大众的保护地”。此后，美国成立了国家公园管理局，对美国设立的众多国家公园进行统一管理。

在美国，国家公园的定义有广义和狭义之分，广义的国家公园是指国家公园体系，是“以建设公园、文物古迹、历史地、观光大道、游憩区为目的的所有（符合标准的）陆地和水域”。除了国家公园体系外，还有一些相关的保护地，如附带地域、国家遗产地、国家小径、荒野、自然风景、溪流等，也都与国家公园管理密切相关，被不同程度地纳入保护管理范围。而狭义的国家公园则是“拥有丰富自然资源的，具有国家级保护价值的面积较大且成片的自然区域”[①]。根据美国国家公园的定义和划分，广义的国家公园包括了陆域国家公园和水域国家公园，在美国没有单独划分海洋公园，根据国家公园的定义，其中亦包括了海洋类国家公园，其功能和我国的海洋公园相类似。

美国国会于1916通过了《国家公园管理局组织法》（National Park Service Organic Act），性质上是美国联邦法律，据此设立了国家公园管理局（NPS），是美国内政部的一个机构。此后，美国逐步形成完善的国家公园管理体系，国家公园管理局是国家公园行政管

① 刘珉. 美国国家公园［J］. 林业与生态，2017（7）：25-27.

理的核心，它依据国会制订的法律政策，对国家公园施行实际管理工作，其他与国家公园相关的机构或个人参与国家公园的管理与服务都必须获得国家公园管理局的许可。

二、美国国家公园管理经验

（一）国家公园的管理理念

美国国家公园管理最可贵的是其管理理念，尤其是在国家公园的开发利用与保护中，其管理理念不断发展。早期（1872—1915 年）在国家公园开发利用与保护中呈现混乱状态，无序开发和生态干预导致国家公园内的资源并没有得到有效保护，公园内的野生动植物资源反而遭到严重破坏。此后（1916—1928 年），其管理理念转变为注重休闲旅游，自然资源管理成为旅游管理的附属品。为迎合游客者的爱好，捕猎活动盛行，引进外来物种进行风景培育，繁殖受青睐物种。1929—1940 年间，生态学意识开始觉醒，强调延续和保有现有自然条件，在必要和可行的情况下恢复公园动物群的原始状态。1941—1962 年间，旅游设施建设加速，公园领导者环境保护意识不断提升，国家公园管理者更加意识到资源与环境保护的重要性。1963—1979 年是生态保护快速发展的阶段，学者和管理者强调加强生态管理的必要性，NPS 开始抵制或者减少外来物种，采用科学方法处理林火以及昆虫。这一时期开始关注环境立法与变革。1969 年出台的《国家环境政策法》要求运用自然和社会科学指导规划和决策。1980 年后，开始科学指导旅游发展，基础设施建设以生态保护为宗旨。20 世纪 80 年代早期的公园恢复和改善项目开始注重环保优先、可持续发展和人与自然和谐。①

国家公园管理理念的不断进步，指导着美国国家公园的建设与管理。当前，美国国家公园的建设要求十分严格，除必要的风景保护设施和配套的旅游设施外，严格限制开发行为和项目建设，只允许建造少量的、小型的、分散的旅游基本生活服务设施。在建筑风格的设计上力求与当地自然环境和风俗民情相协调，建设中不允许破坏自然景观和资源。此外，在公园管理中，十分重视对野生动植物保护，严格限制游客量、游客住宿旅馆床位和野营地床位。

在美国国家公园的建设和管理中充分体现了环境保护优先、可持续发展和人与自然和

① 王辉，孙静，袁婷，王亮．美国国家公园生态保护与旅游开发的发展历程及启示［J］．旅游论坛．2015，8（6）：1-6.

谐相处的先进理念。我国在海洋公园建设中应该以科学发展观为指导，坚持环境保护优先，人与自然和谐相处，实现资源环境的可持续发展。

（二）完善的立法体系

美国自从1872年通过《设立黄石国家公园法案》并设立黄石国家公园开始，不断通过立法，建立起完善的国家公园立法体系。1916年美国联邦法律《国家公园管理局组织法》（National Park Service Organic Act）通过，确立了美国国家公园的管理体制，理顺了国家公园管理局中央和地方的结构和管理职能。1969年美国国会通过了《公园志愿者法》（Volunteers in the Park Act）用于规范国家公园志愿者服务活动，并先后于1970年通过了《一般授权法》、1978年制定了《国家公园及娱乐法》、1998年制定了《国家公园系列管理法》。为规范特许经营管理，1998年美国国会通过了《改善国家公园管理局特许经营管理法》，制定了关于特许经营的相关制度和条例，监管国家公园管理局各级机构和特许经营者。

美国国家公园在建设与发展的过程中，美国国会通过立法、决议、决定以及制定相关管理政策来不断完善管理体制。在立法和决策的过程中充分体现民意，公众广泛参与到有关国家公园的政策和法律条款的制定中，一般由社会各界向美国国会发起提案，国会审议通过后由总统签署成为法律。从国家公园的设立到管理，立法考虑了方方面面，基本建立起完善的国家公园建设与管理的立法体系，为国家公园建设与管理提供了充足的立法依据。

我国在海洋公园建设和管理的过程中虽然制定了相关的法律法规，但是总体来说不够完善。目前，海洋公园的法律地位、管理机构设置和职能上欠缺、特许经营管理等方面立法存在空白或不足，导致海洋公园建设和管理体系不够健全。我国在以国家公园为主体的保护地体系建设和发展中应当不断完善立法，建立健全立法体系。

（三）国家公园体系规划

规划在美国国家公园管理中具有重要地位和作用，美国国家公园规划实践始于1910黄石国家公园制定的建设性规划，此后公园体系规划逐步发展，到了20世纪70年代之后，从物质形态规划向综合行动计划转变，NPS及相关机构开始重视国家公园体系规划与评价工作，并完成了一系列体系发展评估报告及建议。NPS专门设置了内部机构——丹佛服务中心（Denver Service Center，简称DSC），负责美国国家公园系统的规划、设计和建设管理，其职员包括了风景园林、生态、生物、地质、水文和气象等各方面的专家学者，还有经济学、社会学、人类学家。NPS制定和发布的规划包括：1972制定的《美国国家公园体系规划（I：历史类型；II：自然类型）》，规定了国家公园入选标准、遗产资源的重要性、代表性、国家公园的数量及分布合理性评估等①；1985 年发布的《美国国家公园体系的塑造》等。公众参与机制也成为这一时期规划的必要程序，生物/生态学家开始介入到规划决策的过程中。20 世纪 90 年代以后的美国国家公园规划逐渐跳出综合行动规划，逐渐被规划决策体系替代，这一时期的国家公园规划形成了总体规划—实施计划—年度报告三级规划决策体系。其中总体规划设计具有高度的统一性，由丹佛服务中心负责总体规划。规划设计在上报以前，必须先向地方及州的当地居民广泛征求意见，否则参议院不予讨论，因此规划能够做到事前监督与事后执行相呼应。实施计划一般由地方具体制定。

美国的国家公园体系规划具有以下特点：

第一，国家公园体系规划以法律为支撑，法律是规划的框架依据和出发点，在 20 世纪 70 年代美国通过了《国家环境政策法》，根据该法的要求，联邦政府机构的重大行动计划应当开展环境影响评价，公众参与制度是联邦政府机构规划、计划的重要内容，据此，美国国家公园规划向综合行动计划转变；90 年代，总体管理规划和实施计划的主要法律依据是《国家环境政策法》和《国家史迹保护法》，年度计划的编制法律依据是《政府政绩和成效法》。以法律为支撑的国家公园体系规划不仅保证了规划的合法性，还能充分与其他部门进行沟通与协商，解决规划制定和实施中的问题。

第二，国家公园规划的使命与目标明确。美国国家公园规划具有明确的目标性，相关部门根据各自的职能和使命来确定规划的目标。美国国家公园规划中通过对使命不同程度的具体化和细化，形成了一个目标体系，包括长远（无限期）、长期（5 年）和年度（1 年）3 个层次，所有的规划措施和行动都与一个具体目标挂钩，这样做可以减少管理中的盲目性，提高规划措施的一致性和效率。②

第三，规划的过程中环境影响评价和公众参与占据重要地位。根据《国家环境政策法》，联邦政府的重大政策、计划、规划应当开展环境影响评价，并充分体现公众的意愿，因此国家公园体系的规划过程中，NPS 将“公民共建”（civic engagement）原则贯穿于国家公园的运作、立项、规划、决策等环节。公众参与制度满足了公众的知情权和参与权。

第四，国家公园体系规划软硬结合。硬性规划主要指公园建设和管理中基础设施等方面的物质规划，软性规划是指解说与教育服务、资源管理与监测、科学研究等方面的规划。

① 刘海龙，王依瑶．美国国家公园体系规划与评价研究——以自然类型国家公园为例［J］．中国园林，2013，29（11）：84-88.

② 杨锐．美国国家公园规划体系评述［J］．中国园林，2013（1）：44-47.

美国国家公园规划从物质方面建设的硬性规划，逐渐与资源管理方面的软性规划结合，这种软硬规划的充分结合更符合现代国家公园管理的理念与需求。

（四）国家公园资金保障

美国的国家公园建设与管理以充足的资金作为保障，美国国家公园的收入来源于几个方面：联邦政府预算、门票及其他收入、社会捐赠和特许经营权收入。

美国联邦政府的财政拨款是国家公园体系运作资金的主要来源，大约占70%；其次靠特许经营权收入作为运营经费，美国针对国家公园的特许经营权做了详细的规定，用以监管公园管理机构和经营者；不到20%的资金来源于企业或社会的直接或间接的公益性捐款。门票收入所占比例极小，由于国家公园强调公益性，因此对门票的收费规定严格，公园门票的收费标准由国会立法规定，确定了哪些地方不能收费，收费的地方应遵循什么样的原则，有的还确定了最高限额，每年游客量在2.5亿至3亿人次之间的美国国家级公园，门票收入却不到1亿美元，每人次每年仅花费40美分[①]。低收入门票政策一方面解决了国家公园资金的不足，另一方面也充分体现了国家公园的公益性。从1967年起，美国国会批准设立了一个官方基金会——国家公园基金会（National Park Foundation），作为联系公私两方的桥梁。国家公园基金会设立的目的是更好地整合社会零散资源，借助私人力量维持公园运营，并协助国家公园管理局的工作。社会捐赠和特许经营一般都是通过国家公园基金会作为联系纽带。[②]

我国在海洋公园的建设与管理中，应当多渠道筹集资金，以国家财政支持为主，拓宽资金来源渠道，但是应当降低门票收费标准，更多体现海洋公园的公益性。

（五）国家公园的特许经营制度

美国国家公园建立了相对完善的特许经营制度，1965年，美国国会通过了《国家公园管理局特许事业决议法案》，以法案的形式要求在国家公园体系内全面实行特许经营制度。此后，为进一步规范特许经营制度的运作，于1970年颁布实施《国家公园事业许可经营租约决议法案》，对特许经营租约进行具体规范，保障特许经营制度的规范化运行。随着特许经营制度的实施，针对原有的法律不足以及特许经营许可中存在的问题，于1998年通过了《改善国家公园管理局特许经营管理法》（National Park Service Concessions Management Im-

---

① 杨建美．美国国家公园立法体系研究［J］．曲靖师范学院学报，2011，30（4）：104-108.

② 朱华晟，陈婉婧，任灵芝．美国国家公园的管理体制［J］．城市问题，2013，（5）：90-95.

provement Act of 1998），具体规定了特许经营权转让的原则、方针、程序，废止 1965 年通过的《国家公园管理局特许事业决议法案》。

特许经营制度主要涉及三方参与主体：第一，美国国家公园管理局（NPS），赋予其制定特许经营相关制度和条例的职能和权限，其作为国家公园的联邦主管部门负责监管各个地方国家公园管理局和特许经营者；第二，国家公园管理局地方机构（Local Authority）作为特许经营制度实施的直接行政主体，具体负责管理特许经营业态的行政职能，其通过签订特许经营许可合同，向特许经营者收取一定的特许经营费用，对特许经营者的年度计划进行考核和评估；第三，特许经营者（Concessioner），是美国国家公园中商业服务设施的经营主体，受到地方和中央国家公园管理机构的业态监管。他们需要缴纳一定的费用来维持他们的特许经营，同时他们还需要按照一定的法律法规向地方管理者上报相应的计划以待审核。①

《改善国家公园管理局特许经营管理法》对特许经营管理程序、特许经营合同管理要求以及特许经营者需要每年制定操作计划等都做出相应的规定。在一系列不断完善的立法下，特许经营制度也不断完善并实施，对美国国家公园的旅游发展与环境保护都起到了很大的作用。特许经营许可制度实质是公私合作管理，总体上国家公园管理局对国家公园进行管理，允许经营者投资适当开发和保护，并取得一定的特许经营收入；经营者通过支付特许经营费用获得旅游开发的资源，从而获得经营收益。在严格的法律监管下，这种公私合作管理的模式各取所需，对国家公园的保护与发展有利无害。

我国的海洋公园目前没有通过立法建立起特许经营制度，符合旅游开发条件的海洋公园由于没有特许经营许可的相关规定也没法实现公私合作管理，即使部分海洋公园存在一些经营者，但是目前管理混乱，有待国家通过立法予以规范。

（六）国家公园管理中的公众参与

美国注重公民参与国家公园管理，公众参与体现在国家公园规划、管理的各个方面，法律保障公众参与的各项权利。《2006 国家公园局管理政策》及其附件 D2、第 75A 局长令《公民共建与公众参与》等文件对公众参与的目标、授权、框架、定义、政策与标准、职能与义务、评估与审计做了全面的注解与技术规定②。对公共参与制度做出的细致规定不仅落实了联邦法律对满足公众知情权和公众参与方面的基本要求，而且其明确的操作程序等

① 安超. 美国国家公园的特许经营制度及其对中国风景名胜区转让经营的借鉴意义［J］. 中国园林，2015，（2）：28-31.

② 张振威，杨锐. 美国国家公园管理规划的公众参与制度［J］. 中国园林，2015，（2）：23-27.

使得公众参与具有可操作性，弥补了公众参与规范的空白。

1. 国家公园规划中的公众参与

公众参与在国家公园体系规划中具有重要地位，也是规划的重要制度内容。国家公园管理局为规划编制者建立了一套明晰、精准、具体的公众参与机制，强调操控技术与过程导向，NPS 在 2005 年建成了最主要的信息基础设施——“规划、环境和公众评议”（PEPC）网，PEPC 具有信息公开收集与反馈等各项功能，成为所有国家公园规划与公众沟通的网络平台。

公众参与的主要目标为：第一，信息公示涉及的主要议题，告知公众，国家公园管理规划及环境影响评价的需要；第二，为公众参与公园规划和国家环境政策进程提供有效的途径；第三，建立起与公众沟通的桥梁，巩固与利益相关者的关系。

目前公众参与途径与形式主要有 3 类，即通过各种形式进行政府信息公开、接收公众信息反馈、与公众开展互动交流。在公众参与运作机制上，由规划编制人员自主制定具体的公众参与战略与实施计划，管理局统筹指导，各部门提供具体支持与协作，保障公众参与制度的有效实施。

2. 公园管理中的解说与教育服务

解说与教育服务是美国国家公园管理的一项重要内容，是美国国家公园与游客之间联系沟通的方式。为实现教育功能的目的，通过解说与教育服务为游客提供学习与娱乐的机会，从而认识到国家公园内资源的价值和保护的意义，增强人们保护国家公园资源的意识。通过解说与教育服务，一方面保证了公众对国家公园信息的知情权；另一方面也是保护国家公园及其资源的一种有效措施，体现了国家公园的公益性与保护性，是实现国家公园使命的形式。有效的环境解说项目将有助于游客形成和提高自身环保理念，同时培养并扩大了具有保护国家公园理念的公众群体，吸引更多的社会公众参与到国家公园的保护中。

每个国家公园一般都制定一个基于管理政策的综合性解说规划（Comprehensive Interpretive Plan，简称 CIP），属于国家公园规划的重要内容，在国家公园规划时由规划者制定。综合性解说规划确定国家公园解说主题，所有的解说和教育项目都应以综合性解说规划为基础，CIP 包括 5～10 年的长期规划、短期的年度实施规划和解说数据库。

在国家公园管理中，解说与教育服务的形式也是多样性的，主要有以下几种形式：①人员解说，这种是环境解说中最直接、常见的方式，可以与游客面对面交流，带给游客恰当且有价值的解说体验。目前，美国国家公园体系有约 6 000 名专业的解说人员。[①] 人员解说的另一种形式是开设环境解说课堂，确定讲课内容，在各地学校设计以解说系统为基础的课程体系，以此来帮助年轻一代树立正确的自然观和国家历史观。②媒体解说，也称为非正式解说，借助媒体为游客提供信息、定位的解说方式。美国国家公园解说的媒体包括公园手册、公园报纸、宣传影片、展览与展品、路边展示、路标和公告、印刷物、视频、网站和数字媒体等多种方式。③边界外解说，即将解说的受众延伸至公园周边的社区居民和从未踏入国家公园大门的公众，例如，可通过游行、纪念活动、节庆等方式来阐述公园、历史、资源与公众之间的关系。[②]

美国国家公园解说和教育服务的管理体系完善，有专门的管理机构，解说人员的技能培训，解说服务标准等均有明确的规定。我国海洋公园在解说和教育服务方面做得远远不够，很多游客和普通公众对海洋公园内的资源和环境保护知识获取有限，公众的环境保护意识提升慢，因此，我国应当借鉴美国国家公园完善的环境解说与教育服务内容，做好环境解说与教育工作，将对提升公园管理具有重要意义。

3. 国家公园志愿者服务

国家公园管理局雇用了大约 2 万名不同的专业人员，包括永久性的、临时性的和季节性的，并且得到了近 14 万名志愿者的帮助，志愿者每年的服务时间超过 500 万小时[③]。志愿者服务是美国国家公园管理的一项制度，也是公众参与国家公园管理的具体直接体现。根据 1969 年美国国会通过的《公园志愿者法》（Volunteers in the Park Act），普通民众具有参与国家公园部分管理事务的权利，国家公园各个操作方面都有使用义工服务的权利。

美国国家公园自实施志愿者服务以来，充分弥补了公园管理人员的不足，公园志愿者的任务主要包括：① 保护公园资源和公园价值；② 提高公园的市民服务；③ 加强公园与公众的关系；④ 让市民有更多机会了解公园，提升游园体验，从而保护国家公园资源与环境。[④]

美国的国家公园志愿者服务形成了完整的体系：首先，有立法上的保障，1969 年制定《公园志愿者法》，此后各个州也相应进行了地方的志愿者服务立法；其次，国家公园管理

① 数据来源：美国国家公园管理局内部资料，Primary Interpretive Theme Development & Training，The National Park Service——A place where millions of stories are told.

② 张婧雅，李卅，张玉钧. 美国国家公园环境解说的规划管理及启示［J］. 建筑与文化，2016，(3)：170-173.

③ 数据资料来源：Nation Park Sevice. http：//www. nationalparkservice. org/.

④ 王辉，等. 美国国家公园志愿者服务及机制—以海峡群岛国家公园为例［J］. 地理研究，2016，(6)：1193-1202.

局制定了国际志愿者（IVIP）计划，广泛吸收国际志愿者；再次，在志愿者服务管理中，对志愿者的申请要求、服务功能、服务结构、服务支持等方面都做出了明确的规定，使志愿者服务工作有序运作。

志愿者服务很大程度上解决了国家公园管理人员不足的问题，对公园环境保护与宣传起到重要作用。目前国内海洋公园在志愿者服务方面工作较少，没有充分发挥志愿者服务的功能。我国在海洋公园建设和管理的过程中应当不断建立志愿者服务机制，让公众广泛参与到海洋公园管理的过程中，真正实现公众参与环境管理。

第二节　澳大利亚海洋公园特征及管理经验

一、澳大利亚国家公园概述

澳大利亚保护地（Australia National Reserve）包括自然保护区、国家公园、自然遗址保护区、物种栖息地保护区、自然景观保护区、自然资源保护区。在2009年对国家保护地实施统一规划之前，澳大利亚的国家保护地与国家公园是两个不同的体系。2009年完成了《国家保护地规划2009—2030》（Australia's Strategy for the National Reserve System 2009—2030）的编制工作，形成了综合性的保护地规划，包含了体系建设、保护标准、规划方案、监管方案以及国际合作计划等内容。国家保护地规划的出台标志着澳大利亚国家保护地体系建设基本完成，澳大利亚的国家公园与国家保护地经历了从相互独立到融为一体的转变。

从目前澳大利亚保护地体系来看，其包括了国家公园等，海洋公园（Marine Park）属于国家公园的一种。1879年，澳大利亚在新南威尔士建立了澳大利亚历史上第一个、世界上继美国黄石国家公园之后的第二个国家公园——皇家国家公园（Royal National Park）。1975年，澳大利亚联邦通过《大堡礁海洋公园法》，建立了大堡礁海洋公园。一百多年来，澳大利亚在陆地和海域建立了众多国家公园和自然保护区。1975年《国家公园和野生动物保护法》颁布实施以来，联邦政府开始在保护区规划中扮演重要角色。

澳大利亚联邦政府设有两个主管国家公园和野生生物保护的管理机构。一个是国家公园和野生动物管理局，后被澳大利亚环境与能源部下设的公园管理局代替，澳大利亚的6个联邦国家公园、澳大利亚国家植物园和58个英联邦海洋保护区保护了澳大利亚一些最令人叹为观止的自然景观和土著文化遗产；它们由澳大利亚公园管理局管理[①]。另一个是大堡礁海洋公园管理局（Great Barrier Reef Marine Park Authority），专门管理大堡礁海洋公园。

由于澳大利亚是联邦制国家，各个州具有相对独立性，加上土地所有制形式等方面的因素，虽然在联邦政府下面设有公园管理局，但它不直接管理各州的自然保护工作，而是通过与州政府建立有效的合作机制，从而实现对国家公园的规划指导和管理。一般情况下，各个州设有主管机构（各州的机构不同）进行国家公园的管理。大堡礁海洋公园管理局是依据《大堡礁海洋公园法》，联邦政府与昆士兰州政府达成有关协议，由联邦政府和州的保护区管理机构（昆士兰州环境保护部、昆士兰公园和野生动物管理局协同负责）共同组成的。

二、澳大利亚国家公园管理经验

（一）建立完备的国家公园管理法律体系

澳大利亚联邦和州都制定了大量的关于国家公园和保护地的法律法规和政策，法律条文详细可行，除规定了各管理机构、保护管理措施的目的、性质和作用等外，还较详细地规定了其建立与管理程序要求以及违反规定的处罚措施，其全面的立法、具体的规定为国家公园有效管理提供了法律依据，使得公园管理具有可操作性。

联邦政府于 1975 年出台了《国家公园和野生动植物保护法》（National Parks and Wildlife Conservation Act 1975）及《大堡礁海洋公园法》（Great Barrier Reef Marine Park Act 1975）（GBRMP Act），1999 年通过《环境保护与生物多样性保护法》（Environment Protection and Biodiversity Conservation Act 1999）（EPBC Act）。各州为了加强辖区内的国家公园管理和动植物资源保护，也制定了大量的地方法规，例如，南澳大利亚州制定了专项法规《国家公园法》，西澳大利亚州于 1895 年、昆士兰州于 1906 年分别颁布了各自的有关国家公园管理和野生生物保护管理的专项法规。

在每个国家公园建立的过程中，还进行了单个公园的专门立法，以大堡礁海洋公园为例，除了《1975 年大堡礁海洋公园法》外，还有《1993 年大堡礁海洋公园环境管理许可证收费法》《1993 年大堡礁海洋公园环境管理普通收费法》以及《1993 大堡礁海洋公园管

① 资料来源，澳大利亚环境与能源部网站：http：//www. environment. gov. au/topics/national-parks.

理条例》（the Great Barrier Reef Marine Park Regulations 1983）和《2003 年大堡礁海洋公园分区规划》等规范，通过“一园一法”保证了公园管理的需要。

总体来说，澳大利亚国家公园管理形成了从联邦到地方州再到公园的完善的法律体系，保证了国家公园建设和管理的需要，使国家公园管理有法可依，这一点值得我国借鉴。

（二）健全的多功能分区保护制度

1975 年，澳大利亚联邦政府颁布了《大堡礁海洋公园法》，在这项法案中，澳大利亚联邦政府首次提出了分区计划。2004 年 7 月 1 日生效的《海洋公园（大堡礁沿岸）分区规划》采用类似陆地生态圈规划的方法，将大堡礁海洋公园划分为 8 个不同类型的管理区：一般利用区（general use zone）、栖息地保护区（habitat protection zone）、河口保护区（estuarine conservation zone）、保护公园区（conservation park zone）、缓冲区（buffer zone）、科学研究区（scientific research zone）、海洋国家公园区（marine national park zone）、保存区（preservation zone）。每个区根据进入和利用的目的不同，可以分为不需要许可与需要许可两种情况，不需要许可和需要许可的情形都以列举的方式明确列出。

同时，规定了为特殊管理而预留的区域，并对这些区域的范围、目的和特殊管理分别做出规定，这些特殊管理区主要为：

①偏远自然区域（remote natural areas）；

②航运区（shipping areas）；

③夏洛特公主湾特殊管理区（the Princess Charlotte Bay special management area）；

④物种保育（儒艮保护）特别管理区（species conservation（dugong protection）special management areas）；

⑤限制进入特别管理地区（restricted access special management areas）；

⑥公众欣赏特别管理区（public appreciation special management areas）；

⑦无渔船（海洋国家公园区）特别管理区域（no dories detached（marine national park zone）special management areas）；

⑧单渔船（自然保育区）特别管理区（one dory detached（conservation park zone）special management areas）；

⑨单渔船（缓冲区）特别管理区（one dory detached（buffer zone）special management areas）；

⑩渔业实验领域（fisheries experimental areas）；

⑪季节性封锁区（seasonal closure areas）；

⑫米伽尔马斯岛禁区（the Michaelmas Cay restricted access area）；

⑬商业捕蟹区（commercial crab fishery areas）。

分区规划还针对不同分区，对进入或使用的特殊目的、关于认可传统使用海洋资源协定的规定、许可特别申请要求等都做出具体的规定。

我国虽然在海洋公园空间规划方面做出了规定，每个海洋公园一般也都制定了规划文件，但是我国海洋公园的空间规划还没有达到澳大利亚这么细致，分区与管理清晰明确，我国在进行海洋公园空间规划时可以适当借鉴其技术方法和管理经验，以完善我国的海洋空间规划制度。

（三）管理权与经营权分离的经营管理模式

根据澳大利亚1999年《环境保护和生物多样性保护法案》（EPBC法案）或2000年《环境保护和生物多样性保护条例》（EPBC条例），在联邦国家公园和保护区的某些活动将需要获得国家公园局的批准。活动包括商业旅游、商业拍摄和摄影、研究和其他商业活动。澳大利亚国家公园局的职责是执法、制订国家公园管理计划，负责基础设施建设和对外宣传、监督承包商的各种经营活动；国家公园内的经营活动由企业和个人进行经营，国家进行监督管理，国家公园内的经营权有严格的条件和标准，由国家公园局负责核定和发放经营许可证。

每个国家公园和海洋保护区都规定了许可证、执照和租赁的事项和申请许可的程序要求，例如，圣诞岛国家公园针对许可经营事项做出的规定有：针对媒体和艺术家的商业拍摄、摄影或艺术品许可，针对旅游运营商的商业旅游经营者许可，针对事件和其他商业活动的许可，针对研究人员的科研许可，针对长期活动的租赁、再租赁和占用许可。

大堡礁海洋公园的许可经营体系中，在大堡礁海洋公园和大堡礁（海岸）海洋公园进行的一些商业活动和操作需要获得许可证。大堡礁海洋公园管理局和昆士兰公园及野生动物管理局（QPWS）通过联合许可系统发放许可证。许可制度是根据澳大利亚和昆士兰州政府的法律、法规和分区计划的规定，通过立法的方式来规范活动。“许可制度政策”概述了在海洋公园内管理许可制度的方法。许可系统的“服务章程”是可查询的，还有关于当前申请、最近的决定和当前许可的信息。相关的“指南”协助申请者如何获得在海洋公园内开展活动的许可，并指导员工评估申请，指南的内容包括：申请指南、评估指南、风险评估程序、价值准则、位置指南、活动指南。而且大堡礁海洋公园管理局开通了新的在线应用门户——在线申请系统，“海洋公园许可证网上申请”是网上申请门户网站，让申请人提交海岸公园许可证申请，并管理现有的许可证及联络资料。[①]

澳大利亚特许经营许可制度的建立，加强了对公园内经营活动的管理，又充分利用了国家公园的资源，维持了国家公园的社会公益性，其特许经营许可制度的完善程度值得我国海洋公园建设和管理借鉴。

（四）公园宣传教育

开展宣传教育，倡导生态旅游是澳大利亚国家公园的一项重要工作，也是国家公园管理者和社会公众沟通交流的重要途径。宣传教育是每个参观国家公园的游客的游憩内容之一，主要途径是通过解说、展示和宣传手册，为中小学生提供一系列的课程链接，每年还为大学生提供实习、志愿者活动的机会。公园管理方一般都致力于公园环境与资源的宣传，并通过各种形式的活动对公众开展宣传教育，使公众充分接近和了解公园内的资源，树立保护意识。

例如，大堡礁海洋公园管理局珊瑚礁挑战教育系列活动鼓励教师和学生去探索神奇的大堡礁，了解珊瑚礁受到的威胁，及保护珊瑚礁的健康和生存的方法。自2003年以来，珊瑚礁挑战教育的主题和相关内容主要有：2003年“我们的大堡礁”，2004年“海岸的集水区”，2005年“进入珊瑚礁的河流”，2006年“湿地”，2007年“可持续发展”，2008年“昨天、今天和明天”，2009年“气候变化与珊瑚礁”，2010年“沿岸国联系”，2011年“今天一起为明天更健康的珊瑚礁而努力”，2012年“大堡礁近岸充满了生物多样性”，2013年“令人惊叹的大堡礁，让我们保持它的伟大”，2016年“对大堡礁的威胁”，2020年“青少年展望”等。上述教育主题以海报、活动手册等形式展示。此外大堡礁海洋公园管理局还编制或组织了针对学龄前儿童到12年级以及大学生的教育读本和教育活动。[②]

国家公园的教育活动丰富多彩，通过宣传教育使国民对国家公园有充分的认识，一方面发挥了国家公园的公益属性、教育功能；另一方面树立和提高了公众对国家公园环境资源的保护意识，进一步促进了国家公园的管理，对公园的管理和发展发挥重要作用。

我国在海洋公园的宣传教育方面工作目前尚欠缺，社会对海洋公园的认识有限，也没有发挥海洋公园的教育功能，澳大利亚海洋公园的宣传教育工作管理经验值得学习借鉴。

---

① 资料来源：大堡礁海洋公园管理局网站 Permits http：//www. gbrmpa. gov. au/zoning-permits-and-plans/permits.

② 资料来源：大堡礁海洋公园管理局网站 Reef Beat feries http：//www. gbrmpa. gov. au/about-us/resources-and-publications/reef-beat-series.

(五) 社区共管机制

澳大利亚最早实施保护区的社区参与共管模式，为了平衡国家公园和当地土著居民之间的矛盾，通过建立社区共管机制，将土著居民纳入公园管理中，以此缓解土著居民对资源开发与保护的矛盾。自1979年以来，先后有卡卡杜国家公园、乌鲁鲁卡塔·丘塔国家公园、杰维斯湾国家公园、古雷希国家公园、瓦塔卡国家公园、尼特密卢科国家公园等实行社区共管，全澳大利亚要求建立社区共管保护区的提案有将近30份[①]。昆士兰州、西澳大利亚州和北领地都通过立法来保障当地土著居民参与保护区社区的共管，其他没有通过立法的州也都在加速立法进程。总体上看，这种保护区管理模式很受当地土著社区欢迎，有利于缓解保护与发展的矛盾。

卡卡杜国家公园管理委员会成立于1989年，14名管理委员会成员中土著居民占10名。在昆士兰州，当地传统土地所有者也可以在保护区管理委员会中占有一席之地，现有9个国家公园和4个受保护的岛屿群都有土著居民参与管理。

社区共管的模式既是社会公众参与国家公园管理的体现，也可以有效化解国家公园保护与当地土著居民对资源开发利用的矛盾，虽然我国的保护区规划中也有提社区共管，但是往往停留在规划层面，没有起到实质性的效果。我国在海洋公园管理中应当建立完善的社区共管机制并充分发挥社区共管机制的作用。

第三节 欧洲海洋公园特征及管理经验

一、欧洲海洋生态系统及其保护现状

欧洲人口的41%生活在沿海地区。欧洲有着丰富的海洋和海岸生态系统，这些生态系统容纳的物种多达48万种[②]，其中地中海是生物多样性最丰富的海域。然而，根据近年来的评估结果，沿海与海洋区域，由于各种因素的影响，例如，过度捕捞、海底遭破坏等，各海域

① 诸葛仁. 澳大利亚自然保护区系统与管理［J］. 世界环境，2001，(2)：37-40.

② Costello, M. J. and Wilson, S. P. ‘Predicting the number of known and unknown species in European seas using rates of description: Predicting species diversity’［J］. Global Ecology and Biogeography, 2011, 20 (2) 319-330.

海洋生物多样性的质量较差。欧盟2007—2012年的评估数据显示①，海洋物种的60%和海洋生物栖息地的77%，继续处于“不力的”保护状况，2007—2012年间，状况不断恶化的物种数量高于状况不断改善的物种②。栖息地不断丧失，陆源污染，过度开采资源，外来入侵物种和气候变化的影响日益明显。海洋生物多样性及其生态系统服务正在继续承受着压力，尽管欧洲各国正在努力扭转目前的趋势，但是情况不容乐观，东北大西洋和波罗的海生物多样性处于持续衰退中③。

欧洲大陆沿海国家大多数是欧盟成员国（除了挪威和俄罗斯）。欧盟通过建立多层次、系统的海洋保护区保护正在日益衰退中的海洋生态系统。基于欧洲区域不同层面的法律，欧洲海洋保护区主要包括3个层面的保护区网络：欧盟 Natura 2000 保护区网络的海洋保护区、根据区域性海洋公约设立的海洋保护区和欧盟成员国的海洋保护区（3个层面的保护区存在着交叉重叠）。其中，纳入欧盟 Natura 2000 保护区网络的海洋保护区覆盖的海域面积至2018年底，达到534 989平方千米，占欧盟海域的15.5%。根据区域海洋公约设立的海洋保护区网络中，波罗的海是欧洲第一个海洋保护区覆盖范围超过10%的区域；2018年评估表明《保护东北大西洋海洋环境公约》（The Convention for the Protection of the Marine Environment of the North-East Atlantic，亦称 OSPAR 公约）框架下海洋保护区覆盖公约管辖海域面积的6.49%；地中海海洋保护区覆盖海域面积在6.4%以上，达到171 362平方千米。对于各国家建立的海洋保护区，可以根据相关识别标准纳入 Natura 2000 保护区网络、区域性的海洋保护区网络中。

二、欧洲海洋保护区的法律框架与管理制度

（一）战略与政策

1. 欧盟生物多样性战略

欧盟的生物多样性战略始于1998年，旨在阻止欧盟生物多样性和生态系统服务的丧失

---

① EEA. Environmental indicator report 2012 — Ecosystem resilience and resource efficiency in a green economy in Europe，European Environment Agency，2012.

② European Environment Agency. State of the Environment Report [R]. European Environment Agency，2015.

③ OSPAR. 2010 Quality Status Report，The Convention for the Protection of the marine Environment of the North-East Atlantic，London，2010.

趋势，是欧盟履行生物多样性公约承诺的体现。欧盟生物多样性战略中关于海洋生物多样性方面保护的目标包括：保护欧盟最重要的海洋生物栖息地和物种；保护与恢复海洋生物多样性和生态系统服务，减少外来物种入侵的不利影响，等等。2011 年，欧盟通过了《欧盟 2020 年生物多样性战略》，提出 6 大目标和相应的 20 项行动，确立了到 2020 年阻止生物多样性和生态系统服务损失的目标。其中，明确要求全面贯彻鸟类和栖息地指令，建立并有效管理 Natura 2000 保护区网络的目标和行动[①]。

2. 欧盟综合海洋政策

欧盟的综合海洋政策，是欧盟委员会于 2007 年制定的欧盟海洋生态保护和可持续利用的政策，确立了欧盟海洋生态保护的总体框架，包括：欧洲海上监视网络；海洋空间规划的路线图；减轻气候变化对沿海地区影响的战略；减少船舶污染和二氧化碳的排放量；防止破坏性的公海捕鱼、消除底拖网等。欧盟综合海洋政策是在可持续发展的背景下，通过多个层面综合性的政策手段来保护和管理海洋生物多样性，包括绿皮书、蓝皮书以及最重要的欧盟海洋战略框架指令（MSFD）和海岸带综合管理（ICM）。其中绿皮书和蓝皮书均为建议性质的文件，为欧盟发布的框架指令提供指导。2006 年 6 月，欧盟颁布的欧盟绿皮书第 12 条和第 13 条对渔业和海洋生物多样性保护的相互协调做出规定。综合性海洋政策的行动计划强调：“这一领域的行动必须与欧盟内部保护栖息地的行动和全面执行基于生态系统的方法相协调一致，包括渔业方面。”

（二）法律体系

欧盟海洋生物多样性保护和管理的法律制度，是基于生态系统的管理方法，是基于欧盟法治传统而发展建立的，强调实施和管理的效率，具有非常强的适应和应用能力。欧盟的法律体系凌驾于其成员国的国家法律之上，欧盟的指令均规定最低标准，成员国在实施上具有很大的自由裁量权。

欧盟建立起一套相对比较详细并且完整的法律制度对海洋生物多样性及生态系统进行保护和管理。欧盟海洋生物多样性保护法律体系是在欧盟海洋综合政策——《欧盟海洋战略框架指令》（MSFD）的框架下，整合了《栖息地指令》《鸟类指令》《共同渔业政策》[②]

---

① Environment Council of the European Union. Our Life Insurance, Our Natural Capital: an EU Biodiversity Strategy to 2020, 2011, http://ec.europa.eu/environment/nature/biodiversity/comm2006/pdf. (accessed 2018-06-22).

② 通过设立渔业保护区保护具有生态敏感型的保护地。

《外来入侵物种条例》等一系列相关立法，通过建立保护区网络以及海洋生物多样性的信息监测、收集和整合等手段和措施建立起来的。

《欧盟海洋战略框架指令》的制定过程：始于 2002—2012 年第六个欧共体环境行动计划，该计划将海洋环境保护作为优先领域，尤其是海洋生物多样性。MSFD 整合了环保和可持续发展的概念，采用基于生态系统方法来管理人类活动，旨在实现到 2020 年欧洲海洋的“良好环境状况”（GES）。MSFD 为欧盟的成员国保护海洋提供了总体的框架式战略和各国海洋战略立法的总参照，MSFD 要求欧盟各成员国根据其指令建立自己国家的海洋战略和空间保护措施，提升海洋保护区网络的连贯性和代表性，并且在实施各国海洋战略的基础上进一步实施总的 MSFD。欧盟海洋生物多样性保护，包括对海洋物种保护和栖息地保护，海洋保护区主要保护脆弱物种和生境，因此，欧盟海洋生物多样性保护和海洋保护区是一体的。欧盟 MSFD 综合了欧盟生物多样性战略、《栖息地指令》和《鸟类指令》关于海洋生态方面保护的内容，强化了海洋生物多样性保护以及海洋保护区的建设。

欧盟海洋生物多样性保护的具体立法包括《鸟类指令》《栖息地指令》《水框架指令》[①]《外来入侵物种条例》《野生动植物贸易立法动物园指令》《海豹指令》等，其中与海洋生物多样性保护最为密切的是前两个。《鸟类指令》对野鸟及其栖息地的保护做了全面规定，明确了宏观的战略目标和愿景，要求成员国将指令的规定转化为国内法予以实施。该指令分为 3 个部分：第一部分要求成员国为其濒危鸟类物种划定特别保护区（SPA）的规定；第二部分是威胁鸟类的相关活动禁止性规定；第三部分则是通过 5 个附录列出对可猎杀鸟类物种数量及期间的限制。《栖息地指令》着重保护海洋和海岸带生物栖息地生态系统，第一部分是划设特别保护区域（SAC）的规定，第二部分是物种保护的规定，附件一列举了 200 多种栖息地类型，附件二列举了濒危的动植物物种。由于之前已存在相关鸟类指令，所以附件没有包含鸟类[②]。两个指令都明确规定了保护的目标、成员国的义务和相关机构的责任以及对特别行为的禁止规定和对各种例外与变通情况的考虑，具有一定的灵活性。维护海洋生物多样性，保护野生动植物最好的方法就是保护其原始栖息地，两个指令都着眼于划设特别保护区域，对物种及其赖以生存的生态系统进行保护。两个指令是具有欧洲自然保护核心地位的法律，其中对设置特别保护区和特别区域的规定，与 MSFD 中关于海洋保护区的规定相一致，所建立的自然保护区生态网络——欧盟 Natura 2000 保护区网络，形成了欧洲自然保护的基石。

① 《水框架指令》中规定了保护近岸水域可供产卵和繁育地带。

② 蒋培，陈真亮．《欧盟野鸟保护指令》介评［J］. 世界林业研究，2011，24（5）：62-65.

（三）建设和管理制度

欧盟的海洋保护区管理是在欧盟框架下进行的。除了各国管理下的海洋保护区，在欧盟层面，欧盟委员会在必要时对指定区域的海洋保护区的管理提供有效的机制支持，通过加强对各成员国的沟通和指导，进行有效和综合的管理。

欧盟致力于进一步制定海洋保护区网络的连贯性和代表性的评估方法。由于欧盟在各个层次上均形成了海洋保护区网络，欧盟委员会适时开展对各个层面网络的连贯性和代表性的评估。

（1）设立程序。Natura 2000 作为维护欧洲最珍贵和濒危物种与生境的长期性网络，保护地（区）的设计和选取依据明确、严格的标准和程序进行。不同种类的保护区的设置依据保护目标的不同而不同。大体上，Natura 2000 保护区的建设经过了申请、认定、批准和划设，以及后续的管理与修复几个基本阶段。首先由国家层面根据两个指令所规定的生境和物种名录以及标准向欧洲委员会申报“具有共同体重要性的地点”（SCIs）的提议，欧洲委员会根据特定标准和程序做出批准与否的决定，一旦批准和认定为 SCIs，成员国须在 6 年内划定该区域为特别保护区或特殊保护地，并在此期间内进一步采取必要的管理或修复措施确保适宜、有效的养护。

（2）系统管理。欧盟根据《2020 生物多样性战略》目标于 2011 年启动了 Natura 2000 生物地理进程，推动成员国构建一个一致性和完整性的保护区网络体系。在每个生态地理学的区域内，根据特定的生境制定解决方案，如适时评估特定优先保护的生境现状，共同决定有待改进的问题以及通过经验分享与知识构建来选择特定生境类型所需采取的优先行动。通过各种网络构建和管理交流，寻求保护具有区域重要性物种和生境的最为有效的方法。

（3）协调发展。Natura 2000 并不完全禁止自然保护区内的人类活动，而是强调对保护区的生态和经济上的统筹协调和可持续管理。通常情况下，当某些活动会对保护地内的物种或生境造成极大威胁时，一般采取限制或禁止性措施规范各类行为，但是物种或生境的健康并不必然与人类活动不兼容，实际上某些区域有赖于人类活动的管理和存续。

三、欧洲次区域海洋保护区（网络）建设概况

欧洲在次区域层面也基于区域性海洋环境保护条约建立了海洋保护区网络。主要包括

东北大西洋的《奥斯陆-巴黎公约》、波罗的海的《赫尔辛基公约》、地中海的《巴塞罗那公约》。

《奥斯陆-巴黎公约》（即东北大西洋公约），公约设立的奥斯陆-巴黎委员会（即 OSPAR 委员会）于 2000 年成立了生物多样性委员会以协助奥斯陆-巴黎委员会实施欧盟生物多样性战略。《奥斯陆-巴黎公约》的附件五，要求缔约方采取“一切必要措施，养护和恢复海洋生物多样性和生态系统”。附件五的相关规定为建立区域海洋保护区网络奠定了基础。奥斯陆-巴黎委员会在 2003 年发布了海洋保护区的建议，从 2006 年至今，有多个公约成员国（法国、挪威、德国、葡萄牙、瑞典和英国）已选划了保护地作为保护东北大西洋的海洋保护区，基本上都位于各国领海内。还有成员国，例如，德国、荷兰、葡萄牙、爱尔兰、挪威和瑞典，根据附件五所提到的程序来建设该国专属经济区内的潜在海洋保护区。依据《奥斯陆-巴黎公约》初步形成了 MPA 网络。

1992 年的《赫尔辛基公约》第十五条要求缔约国采取一切适当措施保护自然栖息地和生物多样性。1994 年，赫尔辛基委员会通过一项建议，呼吁波罗的海国家采取“一切适当措施”建立波罗的海沿海和海洋保护区（BSPAs）体系。BSPAs 不是单纯的保护工具，其目标是“保护波罗的海生态系统以及保障自然资源的可持续利用”。截至 2018 年，波罗的海国家已经建立了 176 个海洋保护区，覆盖了约 11.7%波罗的海海域。波罗的海因此成为第一个实现 CBD 关于到 2010 年实现至少 10%的海域达到维护这一目标的海洋区域，也是欧洲第一个涵盖整个区域海的海洋保护区网络。目前大部分被正式指定的 BSPAs 都位于领海内，同时其中很大一部分属于欧盟 Natura 2000 保护区网络的海洋保护区。

1976 年，保护地中海的《巴塞罗那公约》签订，并于 1995 年修订为《地中海海洋环境和海岸区域保护公约》。《特别保护区和生物多样性的议定书》（以下简称《SPA/BD 议定书》）于 1999 年生效，旨在促进对具有自然或文化上的特殊价值区域进行保护和可持续管理以及促进对濒危或者受到威胁的物种的养护。为了推动濒危物种及其生境的合作保护与管理，《SPA/BD 议定书》附件一列明了“具有区域重要性的特别保护区域”（SPAMI）名录，为识别需要保护的海洋和海岸带自然遗产提供了认定标准。大体上的保护范围适用于位于国家管辖内的海洋和海岸带区域，或者部分或全部位于公海的区域，保护对象包括：对于保护地中海生物多样性的组成部分较为重要的区域、包含地中海特有的生态系统或濒危物种的栖息地以及具有科学、美学、文化和教育层面的特殊利益的区域。同时，《SPA/BD 议定书》第九条还对 SPAMI 的设立程序做了详细规定。

四、主要国家的实践经验

欧盟成员国除了在欧盟框架下确立具有区域重要性的保护地外，还建立了具有国家特色的海洋保护区（网络）体系。其中，英国和法国在海洋保护区数量和面积以及其重要性的认识等方面，具有突出的特点和经验，可以深入研究并参考。

（一）英国

1. 概况

英国政府致力于“建立一个全英国生态协调和管理完善的海洋保护区网络，作为恢复和保护丰富的海洋环境和野生动物的重要原则”。除了依据栖息地和鸟类指令的规定，英国还制定了国内立法，允许设立海洋保护区，并将其视为有效的养护机制，以保护全国范围内重要的海洋野生动物、生境、地质和地貌。《海洋和海岸带准入法》（2009 年）允许在英国领海以及近海水域建立海洋保护区。《海洋和海岸带准入法》和《海洋（苏格兰）法》（2010 年），允许苏格兰分别在苏格兰近海和领水设立自然保护区，作为为当代和后代管理和保护苏格兰海洋的一系列措施的一部分。截至 2018 年 3 月，英国水域的 24%被海洋保护区所涵盖，包括 105 个与海洋相关 SACs，107 个与海洋相关 SPAs，56 个海洋保护区和 30 个海洋自然保护区。

表 6-1　英国主要的海洋保护地类型

类型/名称	英文及简称	管辖层级	法律依据
海洋保护区	Marine Conservation Zone，MCZ	英国	《海洋和海岸带准入法》2009
海洋自然保护区	Nature Conservation Marine Protected Area，NCMPA	英国-苏格兰	《海洋（苏格兰）法》2010、《海洋和海岸带准入法》2009
具有特殊科学价值的地点	Site of Special Scientific Interest，SSSI	英国	《野生动植物和乡村法》1981
具有特殊科学价值的区域	Area of Special Scientific Interest，ASSI	英国-北爱尔兰	《环境（北爱尔兰）命令》2002
特别保护区	Special Area of Conservation，SAC	欧盟	《栖息地指令》
特别保护地	Special Protection Area，SPA	欧盟	《鸟类指令》
拉姆萨尔湿地	Ramsar site	国际性	《拉姆萨尔公约》

来源：http：//jncc. defra. gov. uk/page-1527.

除了上述表格所列的主要海洋保护区类型，英国各级政府还设立了一系列保护地，包括自然美景区（Areas of Outstanding Natural Beauty，AONBs）、特别保护区（英格兰和威尔士）和野生动物保护区（北爱尔兰）、国家公园（英格兰和威尔士），等等。

2. 选划标准

除了依据欧盟委员会所制定的标准确定SAC和SPA以及《拉姆萨尔公约》确定湿地保护区，英国针对不同类型保护地的选划建设分别依照不同的标准和技术指南进行。对于英国SSSI的选划，主要依据联合自然保护委员会（JNCC）制订的《生物SSSIs选划指南》，该指南规定了一般原则，并辅以不同生境类型和物种群的详细选择准则，自然保护部门利用这些准则来判断其特殊科学价值。《地质和自然地理SSSIs选划指南》由JNCC另外单独发布。在北爱尔兰地区，具有特殊科学意义的指定区域（ASSIs）相当于SSSIs，北爱尔兰环境部门（NIEA）出版的《生物ASSIs选划指南》对此提供技术支持。

3. 保护区网络建设

英国的海洋保护区网络建设与区域性保护区网络协调发展。从欧洲层面，英国为欧盟委员会有关在欧洲范围执行海洋保护区指令做出了贡献：主要是根据栖息地指令和鸟类指令确定特别保护区以及在欧洲各区域海洋保护区执行海洋战略框架指令的要求。

次区域层面，英国是OSPAR公约的缔约国，该公约要求各缔约方按照《东北大西洋生物多样性战略》，在东北大西洋建立一个生态协调和管理完善的海洋保护区网络。英国的MPA网络旨在促进保护OSPAR公约框架下确认的受威胁和/或不断减少的生境和物种，并保护OSPAR公约范围内最有代表性的物种、生境和生态过程。JNCC在OSPAR公约海洋保护区工作组会议上牵头向英国代表团提供科学咨询，包括生态一致性和管理有效性的评估方法。英国迄今共确定了283个OSPAR公约海洋保护区，其中包括已在英国水域建立的各类型海洋保护区（如SACs、SPAs、自然保护区和海洋保护区）。

在国家层面，英国根据JNCC的若干指南文件[①②]，实施区域MCZs项目。其中，《关于海洋保护区选择过程的项目交付指南》概述了选择和向政府提出MCZs议案的过程以及如何考虑社会经济因素；《生态网络指南》规定了区域利益攸关群体用来确定MCZs的指导方

① Natural England and Joint Nature Conservation Committee（JNCC）. Delivering the Marine Protected Area Network - Project Delivery Guidance on the process to select Marine Conservation Zones. 2010.

② Natural England and Joint Nature Conservation Committee（JNCC）. Marine Conservation Zone Project - Ecological Network Guidance. 2010.

针，推动建立一个生态协调一致的海洋保护区网络，其包括一份清单，列出了 MCZs 应识别的栖息地和物种、所需地点的数量、面积和间距等信息。MCZs 项目成立于 2008 年，由 JNCC 和英国自然基金会牵头，旨在选定 MCZs 并向政府提出建议。利益相关者的参与是 MCZs 选划建议过程的一项核心原则，其中，主要利益相关者包括可能受到 MCZs 影响的组织、监管者、利益集团或个人。MCZs 的设立过程始于利益相关者的牵头，通过实行了 4 个区域性项目分别确定潜在的选划地点，4 个区域性 MCZ 项目在区域层面上识别出有助于建设保护区网络的若干 MCZs，这些项目吸收了商业渔业、海洋工业、娱乐用户和保护组织的代表参与，因此这一进程使 MCZs 的选划建议从一开始就考虑到了社会和经济方面因素。MCZs 的建立采用分阶段的方法进行，2013 年 11 月，英国指定了第一批 27 个 MCZs，其中 5 个在近海水域。MCZs 是多用途海洋保护区，对于那些被认为对该保护地特定功能有损害的活动，进行适当的管理。

英国建立的各个层级的海洋保护区是现有欧洲层面海洋保护区网络的组成部分与国家实践，形成的网络体系可以对英国水域的生境和物种给予适当的保护，有助于创建更具代表性的海洋保护区网络。目前，英国各地正在积极开展工作，以最佳方式确保保护区得到有效管理。

（二）法国[①]

1. 概况

法国通过立法确认了 15 种海洋保护区类型。如需设立新的类型，可以通过颁布部长令的方式予以确认。大多数海洋保护区将保护与可持续发展结合起来，从治理方式上，一般是将使用者、个人、专家等联合起来共同开展海域管理。通过明确制定的由 15 类海洋保护区组成的开放清单，法国将这些保护和管理工具融合到区域海洋中，致力于建立一个连通的海洋保护区网络。

根据 2006 年 4 月 14 日法国政府发布的关于国家公园、海洋公园和区域公园的第 2006-436 号法案，6 类海洋保护区各满足特定目标，同时又相互补充：国家公园的海洋部分、自然保护区、基于地方政令设立的保护生物群落区、Natura 2000 保护地、委托海岸线保护的公共海域和自然海洋公园。该法案扩大了国家公园的法律概念，并考虑到海洋环境中的应

① 参见 Agence des aires marines protégées. http://www. aires-marines. com/Marine-Protected-Areas.

用技术和法律特点。法国已将国际承诺和欧洲指令中所界定的海洋保护区概念纳入本国法律之中。其他9个新类别的设立是通过2011年6月3日发布的《关于海洋保护区类别的识别》部长令中增加的，这9个新增类别主要基于国际协定，包括拉姆萨尔湿地、联合国教科文组织世界遗产地和生物圈保护地，根据《巴塞罗那公约》《OSPAR公约》《内罗毕公约（东非）》《卡塔赫纳公约》（西印度群岛）和《南极条约》体系建立的保护地以及莫尔比汉海湾的国家野生动物和猎捕自然保护区的海洋部分。

2. 海洋保护区的建设管理

海洋保护区被视为实现海洋环境和沿海地区可持续管理的工具。如果法律中所列物种或栖息地的保护是所有海洋保护区共有的，那么每个海洋保护区都有其特定的目标。海洋保护区的规模取决于其创建的目标。其治理模式，特别是参与决策过程的各方的选择，取决于项目的当地背景。海洋保护区的规模显然取决于其创建的目标。

表6-2　海洋保护区建设目标

2006年法案确立的海洋保护区类型	海洋保护区设立的潜在目标							
	F1	F2	F3	F4	F5	F6	F7	F8
自然保护区的海洋部分	√	√	√					√
Natura 2000保护地	√							
国家公园的海洋部分	√	√	√	√	√	√	√	√
自然海洋公园	√	√	√	√	√	√	√	√
委托海岸线保护的公共海域部分	√	√	√			√	√	√
生物群落保护区的海洋部分	√							

注：来源：http：//www. aires-marines. com/Marine-Protected-Areas/Different-marine-protected-area-categories

F1：所列物种及生境的健康状况或应享有的健康状况（稀有物种、受到威胁的物种）；

F2：未列入名录的物种和生境的健康状况（开发的盐生物种，具有非常丰富的物种的地点）；

F3：主要经济功能（产卵场、苗圃、生产力、休憩、食物供应、迁徙）的产量；

F4：海水健康状况；

F5：资源的可持续利用；

F6：使用的可持续发展；

F7：维护海洋文化遗产；

F8：附加价值（社会、经济、科学、教育）。

除了上述海洋保护区，法国还建立了比较有特色的“教育管理海域”（EMMA），其是几平方千米宽的沿海小区域，由小学生按照规定的原则参与管理。这是一项教育和生态友好项目，充分发挥学校和当地市政府以及利用者协会和环保团体的专门知识，让这些儿童成为当地项目的一部分，以帮助年轻人更好地了解和保护海洋环境。

在海洋领域，国家在决策方面的作用占主导地位，负责建立不同类别的海洋保护区（例如：建立 Natura 2000 保护地和指定建立自然海洋公园）。为了管理和确保海洋机构有效地参与决策，分别设立了相应的管理机构，包括：Natura 2000 指导委员会、国家公园执行委员会、海岸保护土地管理委员会等。法国生物多样性机构（AAMP）负责支持各类型海洋保护区的创建和管理。此外，该机构通过设立管理委员会，提供必要的财政和人力资源，系统地管理所建立的自然海洋公园。

不同类别海洋保护区之间存在必要的联系，因为不同法定的海洋保护区可能在空间上存在重叠，甚至在边界和治理的界定上存在障碍，这也是立法者计划将 Natura 2000 保护地主要包括在自然海洋公园中并由公园管理的原因。

3. 海洋自然公园的建设和管理

海洋自然公园是专门为自然和文化遗产价值突出、生态系统质量高、海洋生物多样的大型海洋区域设计的，以促进对这些海域进行协调一致的管理。海洋自然公园的建设与管理过程综合了公共政策的所有要求和目标以及现有的保护工具，并提供了一个较为全面的发展愿景，推动海洋环境的综合管理。海洋自然公园具有显著的协调功能，即满足现代发展需要的环境保护，同时允许人类在尊重海洋环境的前提下开展活动。

海洋自然公园的设立都经过建立共识（consensus building）的过程。首先，建立一个公园需要两到三年的时间，与来自不同背景的当地利益攸关方建立共识包括：受益于该海域生态系统服务的专业人士和娱乐活动主体，公园周边镇、县、区选出的代表，从事环境研究的科学家，环境保护协会成员和政府部门等。对公园沿海城镇的居民也应开展正式的咨询程序。在这一过程之后，向法国生态、可持续发展和能源部提出一个海洋自然公园的提案。

所有海洋自然公园的设立需具备以下 3 个重要组成部分，且需在发布的部门法令中予以说明[①]。

① Agence des aires marines protégées. Marine Nature Parks: Exlpore French Marine Nature Parks [R]. 2015.

首先是边界因素，需要考虑到环境问题和海洋利用情况。公园周边包括海洋区域，在界定上，应考虑到物种、生境和生态系统的保护目标以及相关的社会经济因素。对公园建设相关意见的内容范围并不局限于针对公园周边的活动，公园有合法的权利决定任何影响其周边海域的问题，即使造成此种影响的根源位于公园范围之外。

然后是管理指南，这是公园建设的主要基础，其指导后续每一项工作与行动的开展。每个公园都制定相应的管理指南，阐述所面临的主要挑战，促进实现 3 个目标：海洋环境知识学习、海洋环境的保护和海洋活动的可持续发展。管理指南是基于设立公园的法令制定的，以确定公园的地位和主要目标。这些内容是在公园建立之前的研究论证阶段，通过与当地利益相关者协商和建立共识来确定的。管理指南用于指导管理计划的框架制定。管理计划必须在园区建成后 3 年内制定，明确长远的愿景，并根据实际结果或环境情况进行修改。管理计划是公园的发展蓝图，主要确立保护、认识、推广和可持续发展的目标，如制定宏伟而全面的海洋管理十五年愿景，它是公园开展所有日常活动的指导原则。管理计划可作为制定示范项目的参考依据，并在兼顾公园目标的情况下，为评估某项活动是否会对海洋环境产生重大影响提供指导。此外，指示板（dashboard）由管理计划所载各项目标的指标组成，年复一年地衡量公园管理海域的健康状况，帮助管理委员会成员评估其行动的适当性和有效性，进而相应地调整其政策。

最后，公园的管理机构，将当地的利益相关者和海洋保护区内的使用者汇集起来。管理委员会是海洋自然公园的地方主管机构。其成员包括在相关海域的所有利益相关者团体（地方官员、政府代表、职业渔民、船夫、环境团体、科学家等）的代表，每年举办两到三次会议。负责在管理指南和管理计划的框架内，制定和执行公园政策。管理委员会对所有可能影响公园内海洋环境的活动提出质询意见。如果活动环境影响重大，意见即为强制性的，被称为“avis conforme”，这意味着负责此活动管理的公共当局必须遵循相关意见；如果影响较小，意见就是非强制性的，被称为“avis simple”，而前者在原则上是一种例外情况，它与存在的环境效果相关联，在项目的最初阶段通常可以避免。

五、小结：经验启示

保护区的管理模式一般包括政府管制型、私人治理型、本地自治型以及共同管理型。私人治理是由资源地的拥有者或者权利人进行保护区资源管理的一种新型模式，本地自治则是本地的土著或社区管理模式，而共同管理是其他 3 种管理模式的混合，是双方或者多方管理的模式。欧盟的海洋保护区管理也包含了这几种模式，虽然可能造成管理体制上的重叠，但是各个管理体制下的部门责任明晰，共同管理模式有助于凝聚更多的力量，大大增加保护区管理的成效。

欧盟将海洋保护区统筹形成一个系统的、覆盖面广、联通性强、具有代表性的网络，并且建立了一套完整的建设和管理体系，申报、审查、评估制度较为具体详细。欧盟层面统一协调的政策和完善的监管、区域合作、运行机制是其有效实施的关键条件。欧盟的评估制度也侧重于评估整个网络的连贯性和代表性。从欧盟区域层面来看，Natura 2000 建立伊始，从保护区的申报到筛选，到采取管理与恢复措施，再到资金支持与信息交流，从理念、定位、计划到实施过程，都始终强调保护区网络的全局性、系统性与可持续性，这是 Natura 2000 能成功运行的主要原因之一①，可以把除了政府以外的其他力量整合，例如，知识、技能、资源、社区或个人等整合起来，形成合力，来达成生物资源保护的目的。

欧盟的公众参与制度十分完善。在欧盟的生物多样性战略和海洋综合战略中，均对公众参与制度做出详细规定。公众参与，不仅能提供更多的当地信息以供科研，并且可以让相关利益攸关方参与管理过程，同时也是保护区经费的一个重要来源。在欧盟海洋保护区公众参与制度的实践中，很多保护区还承担了地方环境教育的工作，例如，对参观者的保护宣传，组织学生参与调查研究等②。

第四节　东南亚国家海洋公园特征及管理经验

一、马来西亚海洋公园特征及管理经验

（一）马来西亚海洋保护区体系

马来西亚根据《生物多样性公约》起草了 2016—2025 年生物多样性国家政策，特别是通过保护生态系统、物种和遗传多样性来改善生物多样性的状况。马来西亚还致力于实现爱知生物多样性目标，根据该目标，到 2020 年，至少 17%的陆地和内陆水域以及 10%的沿海和海洋区域，特别是对生物多样性和生态系统服务特别重要的区域，通过有效和公平管

① 张风春，朱留财，彭宁．欧盟 Natura 2000：自然保护区的典范［J］．环境保护，2011，6：73-74.

② 刘希．海洋生物多样性保护法律制度：中欧比较分析［D］．上海海洋大学硕士学位论文，2016.

理、具有生态代表性和密切联系的保护区系统以及其他有效的基于区域的保护措施得到保护，并融入更广阔的景观和海景。

迄今为止，马来西亚 10.36%的领水已经在宪报上公布，确定为海洋保护地，总面积为 16 492.92 平方千米。马来西亚的海洋保护地主要包括海洋公园、海洋保护区、渔业保护区、禁猎区等四大类型（表 6-3）。就海洋保护地个数来看，以海洋公园为主导，目前马来西亚全境共设立海洋公园 42 处。就海洋保护地面积来看，以海洋保护区为主，虽然全境仅设立 14 处海洋保护区，但其面积合计达 12 532.48 平方千米。

表 6-3　马来西亚的海洋保护地类型及面积

序号	类型	个数	面积（平方千米）
1	海洋公园	42	2 486.13
2	沙巴州宪报公布的 MPA	7	10 188.86
3	沙捞越州宪报公布的 MPA	7	2 343.62
4	渔业禁区和海龟禁猎区	/	108.76
5	渔业保护区	3	733

海洋公园，是基于海洋生物多样性养护和可持续利用目标而建立的一种海洋保护区类型，兼具海洋生物多样性保护和资源可持续利用的功能。根据马来西亚《渔业法》，海洋公园的范围是距离最低的低潮线以外 2 海里的区域，只有 Pulau Kapas、Pulau Kuraman、Pulau Rusukan Besar 和 Pulau Rusukan Kecil 4 个岛屿是距离最低的低潮线以外 1 海里的区域。

保护海岛周边海域是包括海洋公园在内的马来西亚海洋保护地的特色。比如：20 世纪 70 年代，在沙巴海域建立 3 个 MPA，由 11 个岛屿组成；20 世纪 80 年代，在马来西亚渔业部（Department of Fisheries）的管理下，登嘉楼、吉打、巴杭、柔扶和沙捞越 5 个州的 22 个岛屿建立渔业保护区；2000 年后，在沙巴公园和沙巴野生动物部（Sabah Parks and Sabah Wildlife Department）的管理下建立了 3 个 MPA（由 12 个岛屿组成）。

海洋公园的建立是为了守护海洋资源的可持续性，并通过多样化的替代经济活动来提升当地民众的生计。因此，建立海洋公园不会阻碍有益于当地福祉的开发活动，海洋公园重点在于规划和管理相关开发项目，为当代和后代守护好海洋资源。

（二）马来西亚海洋公园分布与特征

马来西亚全境 42 处海洋公园分布在 5 个州，Terengganu（登嘉楼州）和 Johor（柔扶州）的海洋公园数目最多，都达到了 13 处，其次是 Pahang（巴杭州）、Kedah（吉打州）和 Labuan（纳闽联邦），海洋公园数目分别为 9 处、4 处和 3 处。Johor 州的海洋公园面积最大，达到 76 565 公顷（表 6-4）。

表 6-4　马来西亚海洋公园分布

州	海洋公园个数	面积（公顷）
Kedah	4	18 813
Terengganu	13	69 759
Pahang	9	67 661
Johor	13	76 565
Labuan	3	15 815
合计	42	248 613

Kedah 海洋公园是围绕该地区的岛屿群的家园，如 pulau Payar（芭雅岛）、pulau Kaca（卡咖岛）、pulau Lembu（伦部岛）和 pulau Segantang（斯敢东岛）。据称，pulau Payar 被亲切地称为“兰卡之珠”，是马来西亚半岛西海岸最美丽的海洋公园之一。

丁加奴海洋公园位于丁加奴市以北 26 海里。丁加奴海洋公园由热浪群岛和停泊群岛及其周边岛屿组成。丁加奴海洋公园的管辖范围包括距离岛屿海岸最低的低潮线以外 2 海里的范围，但 Kapas 岛除外，Kapas 岛海洋公园范围则是距离最低的低潮线 1 海里的区域。

Pahang 海洋公园位于 Pulau Tioman 岛上，这是一个以民俗和传说闻名的岛屿。Pulau Tioman 位于距马来西亚半岛东南海岸线约 56 千米处，是闻名的度假者目的地。

柔扶海洋公园由 13 个主要岛屿和周围水域组成。这些岛屿位于柔扶州东北海岸外，距离梅尔辛大约 12~56 千米。这些岛屿主要以海岸边缘、岩石嶙峋的山脊和悬崖为特色。

坐落在沙巴西海岸的迷人的纳闽岛，被亲切地称为“婆罗洲之珠”，该岛面积约 92 平方千米。由于其免税港口地位，纳闽是一个繁荣的国际都会，有许多历史景点，拥有购物天堂之称和大量的游客。

（三）马来西亚海洋公园管理体系

1. 海洋公园选划原则

（1）部长可以在国家宪报上发布公告，选择马来西亚渔业水域内一个区域的任何部分作为海洋公园或海洋保护区，包括：

①为水生动植物划定特别保护区，保护和管理水生野生动物的栖息地和自然繁殖地，并对该类生物可能遭受的危险予以重视和管控；

②使得在某地区或部分地区已经灭绝的水生生物重新在该地区生存；

③促进某地区或部分地区的科学调查和研究；

④维持和提升某地区或部分地区的自然条件和生产能力；

⑤调节某地区或部分区域的娱乐活动，以避免娱乐活动给当地自然环境造成不可逆的损害。

（2）按照上述规定所建造的海洋公园或海洋保护区的边界可以由部长通过在国家宪报上发布公告的形式进行更改和调整，部长也可以决定某区域或部分地区是否保留海洋公园或海洋保护区的资格。

建立海洋公园的原则是保护和养护脆弱的海洋生态系统，使其资源为子孙后代所持续享有。海洋公园在向公众灌输对海洋生物多样性保护的重要性和负责任地利用海洋资源的必要性的理解、欣赏和认识方面也发挥着重要作用。

作为一个“禁渔区”，海洋公园经常被误解为剥夺了当地社区的权利。而实际上，海洋公园也是一个旅游景点，吸引着来自世界各地的游客。它具有更高的经济潜力，可以刺激当地经济的增长，因为旅游业是一个良好的“经济基础”部门，为当地经济带来外来资金。

2. 海洋公园功能分区

海洋公园选划建立后，需对其进行功能分区，不同功能区开展不同的管理政策和开发活动，同时提高海洋公园的管理能力。海洋公园功能分区的目标是避免用途冲突，尽量减少对重要领域的影响，功能分区的过程也需征求利益相关者的意见。功能区分为4类：

（1）一般用途区（General Use Zone）：在所有区域中限制最少的区域，但仍需遵从禁渔区及禁止一切不容许活动的海洋公园管理规定的限制，这个区域可以通航。

（2）生境保护区（Habitat Protection and Preservation Zone）：已确定这些地区需要特别保护。例如，海龟登陆的海滩，红树林区等。受保护的生境和保护区应禁止任何人的侵入/活动。

（3）修复区（Conservation zone）：用于修复过程。封闭因使用或活动而损坏的部分区域。低影响的非破坏性人类活动是可以允许的，但必须严格管制。

（4）旅游与休闲区（Tourism and Recreation Zone）：专为旅游/休闲活动（如：水肺潜水、浮潜等）。目前正在开展的旅游经营活动都在该区范围内。

2010—2012 年，马来西亚政府制定海洋公园政策和管理计划（Management Plans），海洋公园管理局更加紧密地协同当地社区引入替代生计项目，并建立社区咨询委员会，加强与非政府组织和地方高校的合作，进行研究和监测，来提升不同功能区的管理能力。

3. 海洋公园管理保障

（1）资金保障

全球生物多样性持续下降的一个原因是保护区预算不足。保护区机构、公园经理和自然保护主义者一直希望基于自然的旅游能够帮助弥补这一不足。

马来西亚海洋公园管理局成立了“海洋公园和海洋保护区信托基金”，以利益共享和风险共担的方式向社会筹措海洋公园的建设与管理资金。根据法律法规的要求，从各种来源收取的资金将保管在信托基金中。马来西亚海洋公园管理局是该基金的看守人和经理。该基金应用于以下目的：

①恢复海洋资源；

②制定当地岛屿社区的社会方案；

③改善当地岛屿社区的经济和社会福祉；

④研究可能改善海洋的援助；

⑤制定海洋公园宣传和提高认识的方案；

⑥奖学金和教育援助；

⑦监测海洋公园的状况；

⑧应急处理；

⑨改善游客设施（如公共厕所）。

有许多方法可以筹集资金资助与保护海洋生物多样性有关的活动和方案。

除了政府拨款和信托基金外，筹集海洋公园相关资金的实际方法包括：

①保育费。保育费是向所有马来西亚海洋公园的游客征收的费用。收集的保育费用于管理和维护海洋公园以及为游客提供的便利设施。费用通过部门指定的运营商支付给马来西亚海洋公园管理局。

②向用户收取费用。向用户收费是向所有马来西亚海洋公园游客收取的费用，为此允许他们进入有限制的海洋公园。

③许可证和执照。许可证和执照的目的是保护、养护和改善海洋公园水域内的自然资源。许可证和执照的使用有助于马来西亚海洋公园管理局保护公园的海洋生物多样性。申请人必须提交适当的申请表、证明文件和处理费，以供审查、考虑和批准。

④赞助者/捐助者。

（2）执法保障

目标是提高对海洋公园资源的监视、执法、管理和保护的能力和效力。

①提供一个标准机制，确保向相关人员提供监测、控制和监视业务指令。

②确保根据法律为执行《马来西亚珊瑚礁管理国家行动计划》（马来西亚海洋公园管理局，2008 年）提供完整的培训和标准作业程序。

为了便于开展执法，管理部门制定了《操作手册》和《准则》，具体包括标准操作程序的详细说明、设备要求、详细的巡逻、报告、记录、监测和评估、人员配备和培训准则和标准。

《操作手册》的编写充分考虑了现场条件，以确保监控和执法行动的灵活性和效率。该手册在一个由马来西亚海洋公园管理局和其他相关机构负责人参加的特别研讨会上得到论证通过并实施。

（3）科技保障

鼓励科学研究的目的是建立海洋公园资源的系统知识库，了解全球气候变化对海洋生物多样性的影响，并保护海洋公园区域内的环境，使马来西亚海洋公园管理局能够确定保护和保存海洋生物多样性及其价值的研究需求并确定其优先次序。

①通过分区管理研究活动。马来西亚海洋公园管理局必须在规定的 MPA 范围内建立研究区。

②确定区域内允许的研究活动的类型和水平。

马来西亚海洋公园管理局将负责监控所有海洋公园项目和建议的发展。例如，更新海洋公园管理信息系统以及持续和定期的监视活动。

二、泰国海洋保护区特征及管理经验

（一）泰国海洋保护区体系

泰国主要海洋保护区如下：

①海洋国家公园；

②非狩猎区；

③红树林保护区；

④海洋生物圈保护区；

⑤海洋渔业保护区；

⑥环境保护区；

⑦鱼类避难所。

1. 海洋国家公园

泰国建立的海洋国家公园共有 26 个，海洋国家公园的建立是根据 1961 年《国家公园法》（1989 年和 2002 年修订）。海洋国家公园的主要目标是：

①生态系统保护；

②禁捕；

③科研与娱乐。

2. 非狩猎区

根据《1992 年野生动物保护法》，已宣布 6 个非狩猎区，覆盖面积 1 138 平方千米。非狩猎区的目标是保护野生动物及其栖息地。

3. 红树林保护区

根据 1964 年的《国家森林保护法》，宣布的红树林保护区已达 160 处，面积达 2 304 平方千米。红树林保护区的主要目标是保护红树林。然而，当地人可以从红树林地区采集动物和植物。

4. 海洋生物圈保护区

泰国只有一个海洋生物圈保护区，该保护区于 1997 年在泰国南部的拉廊省建立，占地 246 平方千米。拉廊红树林生物圈保护区的主要目标是：

①促进红树林生态系统保护；

②传播红树林生态系统的知识并进行教育；

③鼓励红树林生态系统的可持续利用。

5. 海洋渔业保护区

根据1947年《渔业法》，公布的海洋渔业保护区共有56个，总面积167平方千米。建立海洋渔业保护区的目标是作为非狩猎区，目标物种是水生动物。因此，这些地区禁止从事渔业活动。

6. 环境保护区

根据1992年《加强和保护国家环境质量法》，宣布了6个环境保护区，其面积为9 530平方千米。该法多个条款针对重要物种、资源和生境的影响规定了多种管理措施。因此，一些活动在本法中被禁止或限制。

7. 鱼类避难所

根据1947年《渔业法》，宣布的鱼类保护区的面积为35 690平方千米。鱼类保护区的目标是渔业管理，以实现海洋渔业资源的可持续利用。因此，一些鱼类保护区被禁止使用拖网等破坏性渔具，一些鱼类保护区有禁止使用特定渔具的禁渔区和禁渔期。

鱼类避难所是根据《渔业法》（1947年制定，2015年修订）设置的渔业管理工具之一。新修订的《渔业法》规定，地方政府（省级）有权在距离海岸线5千米的范围内设置小型渔业区域。商业渔船不得在该区域内作业。

鱼类避难所存在争议，在世界自然保护联盟的MPAs类别中其不属于海洋保护区。然而，也有许多研究人员声称，鱼类避难所是管理措施下的渔业，可以列入国际自然保护联盟的Ⅵ类名单。

根据各种法律，泰国建立的MPAs占地19 101平方千米，占泰国领海面积的5.90%（323 488平方千米）。然而，自然资源与环境部下的海洋和海岸资源局已经制订了工作计划（2016—2025年），在建的MPA将泰国水域中除《海洋和海岸带管理促进法》（2015）第三条规定的保护区外水域所有岛屿周边建立保护区。在工作计划中，MPA增加的总面积为14 405.86平方千米。那么，泰国的海洋保护区将超过泰国海域面积的10.5%，不包括鱼类避难所（表6-5所示）。

表 6-5 泰国海洋保护区总面积

海洋保护区	覆盖面积（平方千米）	所占比例（%）
海洋国家公园	5 716	1.77
非狩猎区	1 138	0.35
红树林保护区	2 304	0.71
生物圈保护区	246	0.07
海洋渔业保护区	167	0.05
环境保护区	9 530	2.95
总计	19 101	5.9

注：不包括鱼类避难区。

（二）泰国海洋公园分布与特征

泰国 1961 年《国家公园法》将“国家公园”定义为“包含一般土地、山峰、山涧、沼泽、溪流、湖泊、河道、河流、岛屿和海滩的土地”。拥有这样特点的土地有着非常独特的自然条件，而且根据法律不为任何人所私有或控制。上述规定就是为了保护大自然，为了有益于教育以及可持续发展。该法第六条规定“当政府认为应该将某块有独特自然特点的土地保护起来，为了人民和可持续发展就应该保持其原有自然状况，并在公布相关法令和制定相关计划后有权开展活动的地区叫作‘国家公园’”。

泰国首个被划定为海洋国家公园的是 Kao Sam Loyyot 国家公园，于 1966 年 6 月 28 日成立，该国家公园的面积为 61.28 平方千米。至 2018 年，泰国共有 26 个正式设立的海洋国家公园。

海洋国家公园具有以下特点：①位于沿岸地区、岛屿、国家主要资源来源的海域、具有高度的生物多样性；②作为海洋国家公园的海域面积应大于 10 平方千米，能够通过海洋国家公园的布局和管理覆盖相应地区脆弱的生态系统；③通常具有标准化的措施和操作方法，即保护自然生态区，研究区域内各种自然资源，保护游客人身安全，提供自然资源的知识，并提供休息区。

（三）泰国国家公园管理体系

1. 国家公园（海洋保护区）选划原则

（1）设立国家公园的条件

泰国国家公园的设立，应当遵守1961年《国家公园法》的规定，即选划为国家公园的应当符合以下条件：

①政府认为应该将某块有独特自然特点的土地保护起来，为了人民和可持续发展就应该保持其原有自然状况；

②作为国家公园选址的土地必须不能是他人所有的土地或被他人依法控制的土地；

③必须是依法设立的，在公布相关法令和制定相关计划后当地有权开展活动；设立国家公园应当经过国家公园委员会的批准，还要经过正式公告。

（2）海洋保护区的选划标准

2015年《促进海洋和海岸资源管理法》第20条提出了海洋保护区（包括海洋公园）的选划标准，有以下特点的地区划定成为海洋和海岸资源保护区：

①具有健康海洋和海洋资源，应当保留原始状况的地区；

②环境优良的动植物自然栖息地；

③对人类、海洋和海岸生态环境具有重要意义的区域。

划定成为海洋和海岸资源保护区的区域不能是保护区或者根据渔业法允许捕鱼的区域。

2. 国家公园功能分区

海洋国家公园的功能主要分为以下3种类型：①保护型（Protection）；②研究型（Education/Research）；③旅游/娱乐型（Tourism/Recreation）。公园的每个功能取决于每个海洋公园区域内自然资源的重要性，但是最终目标是相同的：为了保护该地区的可持续发展。

（1）保护（Protection），即保护、监督、管理区域内的自然资源，使其最低程度地受到人类的破坏。

（2）教育/研究（Education/Research），对各个海洋国家公园自然资源的调查研究，成为自然科学的研究领域和研究的来源。

（3）旅游/娱乐（Tourism/Recreation），在自然资源保护中为游客提供知识，并允许人们进入区域内旅游娱乐。

3. 国家公园管理保障

（1）资金保障

泰国国家公园运行和维护的资金来源主要来自旅游门票收入、捐赠资金、园内的收费项目和罚款等。

根据1961年《国家公园法》规定，如果工作人员在园内提供服务或便利，需要公众支付费用，或是让获得允许的个人在园内开展活动或休息而支付费用，园长根据部长的授权有权规定支付的比例或是关于收缴服务费、管理费和报酬的数额。根据部长的授权，为了保护国家公园而得到的捐助以及工作人员收缴的罚金以及根据《国家公园法》第二十八条取得的收入（罚款）不用缴纳任何税款而用于国家公园的保护。

泰国国家公园动植物保护司（DNP）的收入主要来自国家公园的门票收入。截至2016年，泰国国家公园门票为60泰铢，外国人门票为300泰铢。2016年泰国国家公园门票收入22.4亿泰铢，其中海洋公园收入占一半以上。官员们将2016财年的大幅增长归因于更多的游客，尤其是中国游客以及更多的工作人员被派去收门票。

（2）执法保障

法律是保护自然资源和海洋保护区的重要手段，法律的实施，即执法是保障法律发挥作用的重要保障。当前使用的1961年《国家公园法》经过两次修订，已使用了近60年，所用法律的内容和文本在保护自然资源方面仍然有效。工作人员仍能够有效地使用上述法律跟踪、调查或逮捕罪犯。

海洋国家公园的工作人员在执法过程中采用了多种方式，如采用科技手段，配备硬件设备（hardwares），如工具（车辆、武器、通信工具），软件设备（softwares），如培训反盗窃人员、符合法律法规的管理方法。由具有相关专业知识的人员进行监控和逮捕，系统地总结发生事件的地点，违法行为发生的时间段，逮捕工作程序等，从而保证执法的效率与工作人员的安全。

此外，还严格执行所有与自然资源和环境相关的法律，只有符合相关的土地法才能颁发土地所有权文件，因为某些国家公园的分界还不明确，或者某些森林区一直以来都有人居住，有些土地所有权可能与国家公园相重叠，尤其是旅游发展好的一些岛，如皮皮岛、利普岛等。

各机构颁布的现行法律仍非常有效。一直以来，各相关机构也组织会议以解决执法方面存在的问题，只是不同机构在其区域内有效执法的程度不同。因此，作为环境管理的重要工具之一，现行法律能够继续使用。

（3）科技保障

随着社会经济的发展，国家公园传统的管理方式已经不适应时代发展的需求，急需科技和创新来加强国家公园的管理运作。目前，泰国提出“泰国4.0”经济战略，国家公园的发展更加强调智能管理，必须依靠科技、创新推动。例如，在海洋国家公园管理中，采用新的将监管自然资源和研究相结合的巡查系统、利用无人机来监管野外资源的情况、采取经济方面的举措发展绿色旅游、运用手机软件管理国家公园等。

手机、互联网得到广泛应用。国家公园管理者认识到必须通过手机应用向民众传递信息，通过网络互相联系，甚至包括在各个分部之间交流知识。因此，当前国家公园管理者注重智能手机和平板电脑等科技产品在自然科学知识的传播以及与国家公园有关的各种旅游方式发展方面的应用，比如，应用于传递自然信息、旅游宣传介绍、游客管理程序、门票酒店住宿预订等，不断致力于开发国家公园内的学习管理系统（Learning Managemennt System）。逐步建立有利于国家公园管理的社群，用于酒店预订、国家公园内的帐篷搭建、发放电子门票等。

（4）社会参与

泰国为了更好地实现民主而高度关注社会参与，根据相关法律必须让公众及相关的人有机会了解、参与思考、参与决定，以便增加透明度、提高国家决策水平以及决策为各方所接受。

公众参与原则即让公众以及社会各个相关的群体都有参与的机会，International Association for Public Participation 将公众参与度分成了4个等级，分别为：

①公布资料信息，是最低级的公众参与方法，但也是最重要的一步。因为这是国家让公众在各种事务上有所参与的第一步。公布资料信息有很多种途径，包括分发相关文件、利用各种途径公布相关信息、举办展览、制作白皮书、举办发布会、公告以及通过网站传播信息等。

②听取意见，让公众有机会参与资料、信息的寻找和意见的表达，以便成为国家部门决策的组成部分，如听取意见、通过网站表达看法等。

③参与，让公众有机会参与工作或者提出一些建议以进入决策程序，使公众相信他们的看法、要求可以成为国家工作的考察对象，如为了公共利益而召开工作会议、召开听证会以及为了听取意见而成立的工作委员会等。

④合作与决策，是让作为公众意见代表的团体有所参与，参与国家决策的每一个步骤

以及持续地共同开展工作，如有公众作为委员参与的委员会等。

在海洋国家公园的管理上，泰国也致力于公众参与海洋公园的建设与管理。主要采取或提倡予以采取的措施有以下几种：

①加强国家公园工作人员的培训机制以增加在联合工作中的能力，如对相关法律和条例培训，建构网络，建立协调斡旋、处理投诉、解释机制、开展有助于环境和社会发展的活动，以及每个国家公园都必须要有处理联合事务的工作人员等。

②调整选择机制，增强国家公园委员会工作人员的作用，以便更好地管理国家公园以及更具体地解决与公众团体的问题。

③建立旅游业从业人员、导游以及国家公园旅游管理人网络，以便在国家公园旅游方面形成良好的机制、开展有利于保护和恢复生态环境的活动。

④建立国家公园住宿和饭店网络，使国家公园附近区域能够提供对环境有利的住宿和饮食服务，同时还能增加周围地区居民的收入。

⑤建立海滩渔民网络，以便形成国家公园资源保护相关知识和观点的机制，建立水生动物培育中心，为更好地监测非法捕鱼而制定减轻海洋生态系统破坏的开发、利用规则。

⑥建立国家公园、野生动植物厅、社区和私人发展机构之间的网络，促进社区的保护以及形成规则机制，以便社区更好地利用国家公园内的自然资源。

三、印度尼西亚海洋保护区特征及管理经验

（一）印度尼西亚海洋保护区体系

印度尼西亚是世界上最大的群岛国家和海洋大国，其总面积为636万平方千米（包括30万平方千米的领海，309万平方千米的群岛水域和297万平方千米的专属经济区）和17 504个岛屿以及99 093千米的海岸线。拥有世界第六大专属经济区，印度尼西亚的沿海和海洋资源是其重要资产。印度尼西亚群岛是世界上海洋生物多样性最集中的地区之一。目前，其沿海地区海洋生物多样性面临着严重的衰退，主要原因包括：生物栖息地利用的冲突，陆源海洋污染，破坏性捕捞作业和过度捕捞等因素。海洋保护区（MPAs）是印度尼西亚采取的保护涵盖32 935平方千米（占全球珊瑚礁面积的16.5%）海洋生物多样性和丰富鱼类种群区域的战略措施之一。印度尼西亚法律（第60/2007号政府法案）将海洋保护区定义为通过分区系统进行保护和管理，以实现鱼类资源及其环境的可持续管理的水域。

印度尼西亚的海洋保护区可以通过两种方式发挥作用：保护具有全球性价值的海洋生物多样性；保持海洋资源特别是海洋渔业资源的可持续利用。印度尼西亚的海洋自然保护区和海洋保护区（MPA）包括国家级海洋保护区、地区级和当地海洋保护区、海洋自然保护区和观光旅游区。

根据第31/2004号法、政府法规60/2007号法、第27/2007号法、第17/2008号法等法律法规，印度尼西亚海洋保护区大体分为3类：一是水生自然保护区（KKP），具体包括水生国家公园、水上休憩公园、水上自然保护区和渔业自然保护区；二是滨海和小岛屿自然保护区（KKP3K），具体包括滨海小岛屿保护区、滨海小岛屿公园；三是海洋保护区（KKM），具体包括海洋原生物种保护区和海洋文化保护区。

根据印度尼西亚第60/2007号政府法案关于渔业资源保护的条款，将不同类型的渔业资源保护区（Fishery Resource Conservation）定义如下：

①水生国家公园是指原始生态系统水生保护区，建立此类保护区旨在开展教育、科学研究之用，支持可持续渔业管理、水上旅游和休闲的活动。

②水生保护区是指具有特色鲜明的水生保护区，旨在保护鱼类的多样性和休闲活动。

③水上旅游公园是指为水上旅游活动和休闲活动而建立的水生保护区。

④渔业保护区是指淡水的或是咸水的、具有特定的条件和特征，作为鱼类的苗圃地/饲养场而建立起的保护区。

按照海洋保护区的规模和管理模式，印度尼西亚海洋保护区主要包括：

一是基于社区管理（community-based management）的保护区，被称为Sasi Laut。当地管理的海洋保护区（Deer and Manokwari）属于村民，被视为共同财产。他们实行开闭式（open-closed）海洋保护区系统。村长、教会和社区共同参与保护区的选划建设。在建设管理进程中，所有社区都了解保护区对社区开放的时段和实行的规则，包括征税的规定。村领导记录每位从售鱼收入中支付税款的用户。村领导行使有关保护区的权力，包括执行相关管理的规则，并确保当地社区不发生违反海洋保护区规章制度的事例。

基于社区管理的海洋保护区的建设旨在建立和促进社区对滨海生态系统功能和滨海资源（珊瑚礁、红树林和海草床）的认知、引领和管理，以实现可持续利用。基于社区的海洋保护区主要依照当地村规管理和保护，通过适当的管理手段来维持生态系统平衡，包括禁渔区、渔具限制、季节性捕捞限制、捕捞种类的限制或其他措施。

印度尼西亚第32号法（2004年）关于地方治理方面的规定为社区海洋保护区的建设和管护提供了制度支持。建立以社区为基础的海洋保护区，依村规开展的管理依赖于社区居民的广泛参与。印度尼西亚社区为海洋保护区有效管理提供了有益的海洋保护模式，社区的大力支持和实用性的规则保障了保护区的有效管理。尽管如此，随着时间的推移，有效管理实践中仍然面临着诸多挑战和制约因素，其中包括：①适用对象有限的法律授权（当前主要通过村规），以致非本地人的违法行为仍然时有发生；②由于缺乏对当地立法的承认，而缺乏政府层面的支持；③管理能力低的社区实施的管理措施成效不佳；④由于社区海洋保护区受制于保护区域面积不足，对保护海洋资源的整体促进作用十分有限。

对于一些以社区为基础的海洋保护区来说，其在地方或地区政府政策和法律中正式确定了其法律地位和管理权力，并通过增加融资、人力资源和基础设施来改善其可持续管理能力。然而，并非所有基于社区管理的海洋保护区都得到了这样的认可，300 多个社区海洋保护区中有半数以上尚未被地方政府正式认定为海洋保护区。①

二是林业部下设的国家公园，通过专门的公园管理机构，制订中长期的公园管理计划，实行分区管理。公园管理机构组建联合巡逻队，由公园管理机构、警察和海军组成。执法队伍重点关注公园陆地部分的偷猎者，巡逻的主要目标是打击破坏性捕鱼作业（用炸药和氰化钾捕鱼）。例如：①科莫多国家公园成立于 1980 年，包括主要保护科莫多巨蜥的陆地区和相邻的海洋区，总面积约 180×10^3 公顷。②瓦卡托比国家公园于 1996 年宣布正式成立，仅覆盖海域，总面积为 1.3×10^6 公顷。③极乐鸟半岛海湾国家公园位于印度尼西亚最东部，最初于 1990 年被指定为国家公园（于 2002 年正式宣布），它仅覆盖海域，总面积约为 1.4×10^6 公顷。林业部管理的海洋保护区非常集中，大多数关于海洋保护区管理的职权都归雅加达中央机构管控，当地海洋保护区管理机构更多地充当执行机构的角色。

三是海洋事务与渔业部下设的海洋保护区。2004 年《国家渔业法案》出台后，2005 年底贝劳（Berau）成为第一个设立了海洋保护区的地区，相关法律依据包括 2004 年第 31 号国家法案。对于渔民而言，海洋保护区与禁渔区相关联，一般禁止渔民在有丰富鱼类的某些核心地区捕鱼，进而通过海洋保护区保护并改善鱼类栖息地质量。印度尼西亚政府将海洋保护区作为渔业资源管理的一种工具，现行的一些管理措施也非常具有战略性和适用性。新的国家渔业法案也确认海洋保护区为渔业管理的一种正式方法。当然，海洋保护区的建议应符合特定标准，促进渔业可持续发展。这也对有关海洋保护区设计、选划和管理提出了更高的技术要求。

综上所述，社区保护区的规定可以得到当地居民的高度遵守得益于当地社区的广泛深

① Yulianto I.，Y. Herdiana，M. H. Halim，P. Ningtias，A. Hermansyah，S. Spatial analysis to achieve 20 Million Hectares of Marine Protected Areas for Indonesia by 2020. Wildlife Conservation Society and Marine Protected Areas Governance. Bogor. Indonesia. P26.

度参与；而林业部管理的海洋保护区似乎是“中央集权”形式的，地方政府和利益相关者很少参与；海洋事务与渔业部管理的海洋保护区也可让更多更广泛的利益攸关方参与进来，然而，这些海洋保护区仍处于早期发展起步阶段，尚未发展成熟。①

（二）印度尼西亚海洋保护区数量与面积

印度尼西亚确立了到2020年实现2 000万公顷海域纳入海洋保护区框架下的发展目标。根据印度尼西亚第五次生物多样性国家报告②，截至2018年，海洋保护区的总规模约占印度尼西亚海洋总面积的3.06%③，达到20 875 134.08公顷，保护区覆盖百分比最高的是东部地区。海洋保护区主要管理部门是海洋事务与渔业部、环境和林业部。国家和地方政府管理大部分海洋保护区，当地社区管理小部分区域。各类保护地数量和面积见表6-6。

表6-6　印度尼西亚各类海洋保护地概览（截至2018年）

序号	保护区	数量（个）	面积（公顷）
A	由海洋事务与渔业部管理的保护区	10	5 342 023.02
1	海域国家公园	1	3 355 352.82
2	海域自然保护区	3	445 630.00
3	海域旅游公园	6	1 541 040.20
B	由省管理的保护区	137	10 901 101.76
4	区域海域养护区	137	10 901 101.76
5	区域公共海域	—	—
C	由环境和林业部管理的保护区	30	4 632 009.30
6	海洋国家公园	7	4 043 541.30
7	海洋自然公园	14	491 248.00
8	海洋野生动物保护区	4	5 400.00
9	海洋自然保护区	5	91 820.00
	总计	177	20 875 134.08

来源：印度尼西亚海洋事务与渔业部、环境和林业部。

① D. G. R. Wiadnya, R. Syafaat, E. Susilo, et al. Recent Development of Marine Protected Areas (MPAs) in Indonesia: Policies and Governance [J]. J. Appl. Environ. Biol. Sci., 2011, 1 (12) 608-613.

② Ministry of Environment and Forestry of Indonesia (2014). The fifth national report of Indonesia to the Convention on Biological Diversity. Jakarta Timur.

③ UNEP-WCMC (2020). Protected Area Profile for Indonesia from the World Database of Protected Areas, September 2020. Available at: www.protectedplanet.net.

（三）印度尼西亚海洋保护区管理体系

1. 海洋保护区选划原则及流程

根据海洋事务与渔业部第PER. 02／MEN／2009号法案《关于水资源保护区确立的程序》中相关规定，海洋保护区的选划程序主要包括以下内容：①海洋保护区的标准和类型；②拟议海洋保护区提案；③识别和清查预选的海洋保护区；④查明海洋保护区的储量；⑤确定建立海洋保护区；⑥确定海洋保护区边界。

保护区选划的标准包括生态、社会文化和经济的标准：

（1）生态标准包括生物多样性、自然性、生态联系、代表性、独特性、生产力，鱼类迁徙区、珍稀鱼类栖息地、鱼类产卵区和护理区。具体包括：鱼类资源的生物多样性仍然保存完好；生态系统中发生在某些地理单元中的生态联系，包括生物群落和物理环境；某些具有高产出特性的生态系统，有代表性及其独特性；某些具有保护价值和经济价值的鱼类的栖息地、产卵区、护理区和/或迁徙区。

（2）社会文化标准包括社会支持度、潜在的利益冲突、潜在的威胁以及当地的传统和习俗。具体包括：来自该地区社会和/或利益相关者的支持和承诺；空间利用以及其他潜在威胁，包括环境污染、沉积等，在未被设立保护区地区的开发活动状况；利用对自然环境影响和关联度较小的资源；支持和保护当地的习俗和传统规范。

（3）经济标准包括渔业的重要性、娱乐和旅游潜力、美学以及到达该地区的便利性。具体包括：渔业领域的卓越价值；水生生态旅游发展机遇；美学和环境健康的价值，能够支持鱼类资源的保护；当地既有的公路基础设施和交通设施的可用性，是否方便进入该地区。

在选划建设程序上，有关未来海洋保护区选划的提案，主要通过初步研究和划定位置图等程序后，可以由个人、社区团体、研究机构、教育机构、政府机构和非政府组织提交给部长、省长或县/市长等相关领导，部长、省长或县/市长根据其权限对未来保护区的提案进行评估。根据评估，由部长、省长或县/市长根据其权限进行识别和盘点，包括调查和评估、社会动员、公众咨询和与相关机构协调等方式，收集数据和信息并进行分析，作为未来保护区推荐设立的材料。其中，数据和信息包括但不限于生态、社会文化和经济数据以及支持建立保护区的政府和/或地区政府的政策。识别和清点活动的结果是未来保护区候选地提案时所需要考虑的因素。建议的内容包括：保护区的位置和范围；潜在的保护区候选地与该候选地的替代地区的潜力；管理后续行动的总体方向，包括保护区的管理机构设置等，并制订保护区保护规划，由部长、省长或县/市长按照其权限进行认定。规划内容主要包括：水域保护区的位置和范围；保护区的类型；设立附属组织机构，负责开展保护区管理的后续工作，其任务包括制定管理计划、确定审查范围，进行社会化动员和明确进一步开发的界限。保护区设立之后，应当根据规定开展阶段性建设活动，包括：边界标志设计；安装边界标志；边界测量；区域边界的绘图；保护区开展社会动员；制定划分边界的公告和方案；批准保护区的边界。

2. 海洋保护区功能分区

印度尼西亚保护区内资源使用的规范和条例由林业部统一制定，并在全国范围内实施。但是，保护区的管理工作下放到林业部下属自然资源保护机构（称为 Konservasi Sumber Daya Alam，KSDA）的省级办事处。根据 1992 年的《空间规划法》，各保护区须制订 1 份 25 年的长期管理计划，内容分为 3 卷，包括政府管理框架、背景生物数据和区域计划，另外还需分别制订 5 年中期计划和 1 年短期计划各 1 份。每年由省级 KSDA 向林业部中央办公室提交根据短期计划实施的管理活动所需资金。

第 60/2007 号关于渔业资源保护的政府条例规定，海洋保护区是指通过分区系统进行保护和管理的海域，以实现对鱼类资源和生态系统的可持续管理。分区包括四种类型：核心区、利用区、可持续渔业区和其他区。其中，①核心区，即水生保护区，是根据其位置、条件和自然潜力确定的繁殖区、养护区和/或鱼类洄游路线；②可持续渔业区，是水生保护区的一部分，其地理位置、条件和潜力可为核心区和利用区提供支持；③利用区，是水生保护区的一部分，其位置、条件和自然潜力可用于水上旅游和/或环境服务，也可用于开展研究和教育。核心区仅用于研究和教育目的，被认为是“禁入区”，也是禁渔区。利用水生保护区开展的水上旅游通常在利用区或可持续渔业区进行。研究和教育活动可以在核心区、可持续渔业区、利用区和其他区域进行。印度尼西亚的水生保护区，海岸和小岛目前由环境和林业部（MEF）及海洋事务与渔业部（MMAF）共同管理，总面积为 17 980 651. 99 公顷。MEF 管理面积为 4 694 947. 55公顷，而 MMAF 和地方政府管理面积为 13 285 704. 44 公顷（截至 2016 年）。

3. 海洋保护区管理策略与措施

（1）法律框架

印度尼西亚政府已颁布多项与保护区有关的国家法案，其中也包括海洋保护区的相关内容。主要法律有：关于保护生物多样性及其栖息地的1990年第5号国家法案，其任务是通过保护自然栖息地来保护生物多样性，尽管海洋保护区通常位于地方政府的管辖范围内，但海洋保护区管理部门隶属中央政府（林业部）下属机构管辖；法律规定了5类海洋保护区，其中4类符合国际自然保护联盟（IUCN-MPA）分类标准。关于沿海和小岛屿管理的2007年第27号国家法案，提出了另外4种类型的海洋保护区，主要目的是通过发展海洋旅游来保护沿海地区和小岛。2004年关于渔业的第31号国家法案，将海洋保护区作为一种渔业管理工具，主要目标是促进海洋渔业可持续发展，避免渔业资源崩溃；在这项立法中，中央政府与地方政府在管理海洋保护区方面共享权力和责任；该法确定的4种类型海洋保护区中，3种海洋保护区类型可由当地政府管理；中央政府发布了2004年关于地方政府的第32号国家法案，根据该法（第18条），授权地方政府管理其管辖范围内的海洋保护区（地方政府为0~4海里，省政府为4~12海里，国家为12海里以外海域）。到目前为止，印度尼西亚有15个不同名称的海洋保护区。主要管理机构是林业部、海洋事务与渔业部以及地方政府（地区和省政府）的海洋事务和渔业处。

（2）管理策略

根据颁布的2004年31号法案，印度尼西亚地方政府海洋事务和渔业处（DKP）主要负责保护生态系统、物种和海洋生物的遗传多样性，推动印度尼西亚海洋保护区的良性发展。自2004年以来，DKP通过一系列项目或计划，如COREMAP I和II（珊瑚礁恢复和管理计划），MCRMP（海洋和沿海资源管理项目）和COFISH（沿海社区发展和资源管理项目）等启动了更多新的海洋保护区建设。

为了实现保护海洋和沿海资源，促进可持续渔业和社区繁荣的长远目标，在生态系统管理方法的指导下，印度尼西亚确立了到2010年实现1 000万公顷海洋保护区，到2020年实现2 000万公顷海洋保护区的具体目标，并采取了如下管理策略：

建立独立的海洋保护区（地区海洋保护区和国家海洋保护区）；

建立海洋保护区全球性网络和伙伴关系；

通过能力建设计划加强海洋保护区的管理；

制定和实施协作型管理，促进政府、社区和私营部门在海洋保护区管理方面的伙伴关系发展；

制定可持续的融资计划，以支持海洋保护区的管理能力建设。

（3）实施保障机制和措施

①管理成效评估及指标体系

对于规模不断增长的海洋保护区规模来说，有效的管理一直是政府面临的最严峻的挑战。印度尼西亚衡量海洋保护区管理有效性的工具称为E-KKP3K，已获得正式批准，并由海洋事务与渔业部在全国海洋、滨海和岛屿保护研讨会上正式发布（2013年6月25日）。E-KKP3K既是衡量海洋保护区管理有效性的工具，也是实现海洋保护区有效管理的指南。海洋保护区可持续管理指标被解释为管理主体依据有效利用和管理的相关原则，通过不断维护和改善现有资源的质量和生物多样性来确保惠益和可持续发展的一系列标准要求。

衡量可持续管理成效，需要建立具体的保护区管理实效的指标体系。考虑的因素包括：保护区域、管理机构、管理计划、机构之间的合作伙伴、网络关系和人力资源支持以及管理举措、管理基础设施等。根据以上因素，管理有效性分为5个层级：

第一级：该区域已得到保护；第二级-第一级：管理机构成立；第三级-第二级：机构得到完善，具备必要基础设施和进行核心管理；第四级-第三级：保护区实现最佳管理；和第五级-第四级：建立起可持续筹资机制。

②人力资源保障

海洋保护区有效性的一个重要支持部分是充足的人力资源，以便根据管理计划和分区计划，实施包括可持续融资部分在内的综合业务管理，进而实现保护目标。

根据估计，假设每个海洋保护区需配备一名管理人员进行管理，印度尼西亚需要约2 500人管理整个海洋保护区，和大约40~50名支撑人员。鉴于现有人力资源的数量和能力，需要通过系统性措施让所有利益相关者广泛深度参与，为海洋保护区管理的人力资源和能力提供必要的辅助支持。

鉴于参与海洋保护区管理的人员的复合能力差距，亟须对技能实行标准化管理。因此，渔业部早在2009年就确立了海洋保护区管理者能力标准，并成立了海洋保护人力资源开发工作组，制定了14项海洋、沿海和小岛的养护管理能力标准。

该能力标准分为国际能力标准、国家工作能力标准（SKKNI）和特定工作能力标准（SK3）。SK3是由特定组织内部使用的能力标准，例如，通过海洋事务与渔业部或地区管理部门，SK3被用作设计培训、评估能力、制定招聘标准、执行员工绩效评估和开发人员职位描述的参考标准。

除了SK3，印度尼西亚还确定了海洋保护区管理所需的另外12项能力。目前，针对海洋保护区管理所设计的SK3正在向SKKNI发展，以期吸纳公众和企业界参与海洋保护区的管理和利用。SK3 也可用于渔业的其他子行业（如渔业和水产养殖业）。

为了实现国家粮食安全，提高在海洋事务和渔业领域的人力资源能力非常重要，而 SK3 是为海洋和渔业领域的专业人员创造和评估就业机会的工具。每个专业领域将带动大约 10 个其他相关行业的人力资源专业化发展，如商务旅游、水产养殖、艺术、创意产业、社区教育、海上安保、运输服务、休闲渔业、海事，等等。

③决策支持系统

海洋保护区有效管理迫切需要整合支撑国家决策过程所需的各种数据和信息的系统。该信息系统的功能定位是为政府和利益相关者提供海洋保护区建设和管理的信息服务，特别是基于数据和最新科学产生的政策制定过程。

考虑到这种信息系统的重要性，海洋事务与渔业部建立了决策支持系统（DSS）。DSS 技术的实施和管理团队隶属于区域和鱼类保护局（KKJI），实施过程由数据和信息中心（Pusdatin）、渔业管理研究中心和鱼类资源保护机构（P4KSI）、非政府组织和其他相关政府机构提供支持。

数据库系统根据国家一级科学数据整合的有益于决策过程的各种信息。该系统的主要组成部分是区域数据库和鱼类数据库以及有关的各种文件资料。海洋和渔业局能够将数据和信息直接输入现有系统，从而加速信息收集过程。DSS 工作小组还通过数据共享协议与海洋事务与渔业部、非政府组织和政府机构下属的其他工作单位合作，以促进非政府组织提供数据为系统做出贡献。同时，该团队还针对传入数据执行标准化和结构化并进行适当分类，以构建支持决策的数据管理流程。

保护区和鱼类保护局（KKJI）还搭建了关于保护区和鱼类的数据信息网站，并于 2012 年正式运行。通过此网络数据，中央和地方政府机构以及利益相关者可以获得支持决策过程的各种科学数据。一些机构（如渔业部、财政部、环境部、印度尼西亚科学研究所、国家测绘局和地方政府）都参与了数据收集工作。

印度尼西亚的海洋保护区网络数据库建设存在一些不足之处，如：海洋保护区数据库的内容，覆盖范围和网络未标准化；相关机构之间缺乏协调；海洋保护区的覆盖范围太广导致管护成本较高而资金有限；并非所有有用数据都可在线访问；缺乏成熟的数据运营商；现有的海洋保护区数据较为分散。因此，国家海洋保护区数据的主要挑战和关键差距仍需要改善相关机构之间的协调、开发数据库管理系统和运行机制、资金以实现更好的数据库管理，以及需要熟练且训练有素的数据库操作员以及收集者和数据分析师。

第七章　中国海洋公园发展与展望

第一节　存在的问题

我国拥有绵长的大陆海岸线和岛屿岸线，大面积的海域和上千个岛屿，丰富的海洋资源和海洋景观为建设海洋公园提供了有利条件。海洋公园是优化国土空间开发格局，加大自然生态系统和环境保护力度的重要载体，海洋公园建设工作是海洋生态环境保护工作的重要组成部分。

虽然通过多年的努力，我国海洋公园的选划和建设取得了长足发展，但总体发展来讲，还存在不少问题。

一是海洋公园面积偏小，对保护海洋生态与历史文化价值的作用还不明显。海洋公园是海洋保护地的重要组成部分，自 2011 年首批国家级海洋公园建立以来，我国建立了 48 个国家级海洋公园，面积约 5 232 平方千米，尽管近年来对协调海洋保护与生态旅游起到了一定的作用，但是总体来说，海洋公园面积偏小，仅占海洋保护区总面积的 4.2%。各地海洋公园发展不平衡，因各地基础条件和发展意愿不同，存在一些海洋公园建园条件较好应建而尚未划建海洋保护区的现象。由于按照传统观念，建立与管理海洋保护区在一定程度上会阻碍沿海经济的正常发展，因此，存在尽管国家级涉海管理部门在积极倡导海洋公园建设，地方政府却往往以当地经济利益来衡量是否需要设立海洋保护区的现实。

二是海洋公园经费不足，建设和管理规范化水平不高。保护区经费不足是我国海洋保护区普遍面临的问题。海洋公园建设与管理经费基本依赖中央财政与地方财政。而政府在协调保护区公共资源保护、建设和管理融资渠道的作用体现得还不够。海洋公园管理能力有待提高，存在缺机构、缺人员、缺少必要的管护设施和巡护设备，保护区基础设施不匹配，资源环境底数不清，科研监测工作等没有定期开展等问题。

三是海洋保护与海洋开发矛盾突出，保护仍需加强。如何在不损害可持续发展的原则下，准确处理海洋保护与资源开发的矛盾是我国海洋保护区建设和管理的普遍难题。个别海洋公园建设项目缺乏统筹，开发利用活动增多，部分国家级海洋公园保护力度不大，生态环境和自然景观质量下降，海洋公园保护建设与当地经济社会发展还存在一定的矛盾，受到一定的制约。

四是海洋公园的管理体制与运行机制不完善。海洋公园范围内大多涉及依托的陆域，特别在陆海统筹方面仍存在多头管理、体制机制不顺等问题，要进一步加强建设和协调管理。国家机构改革之后，各类海洋保护地全部归属国家林业和草原局管理，有利于海洋保护地的统一管理。但是，到2020年，还有很多国家级海洋公园尚未真正成立管理机构。相应的运行管理机制还未理顺。

五是海洋公园与其他类型保护地存在重叠或交叉。长期以来，涉海保护地建设和管理处于“九龙治水”局面，保护地一地多名多牌、管理机构重叠设置等现象严重，各主管部门各自为政、互相博弈、管理效率低下。许多海洋公园与其他类型保护地存在空间交叉、重叠等问题，这大大影响了海洋保护地的总体建设、有效管理和可持续发展。

第二节　展望

一、探索建立统一规范高效的管理体制

中国海洋保护区过去大部分由林业部门管理，还有部分归环保部门、农业部门、国土部门、水利部门、海洋部门、中科院等部门管理。2018年3月，国务院机构改革新组建自然资源部，将国家林业局的职责、农业部的草原监督管理职责以及国土资源部、住建部、水利部、农业部、国家海洋局等部门的自然保护区、风景名胜区、自然遗产、地质公园等的管理职责进行整合，新组建国家林业和草原局（加挂国家公园管理局牌子），由自然资源部管理，主要负责监督管理森林、草原、湿地、荒漠和陆生野生动植物资源开发利用和保护，管理国家公园等各类自然保护地等。各类海洋保护区（海洋公园）也纳入国家林业和草原局进行统一管理。以此为新的起点，加大生态系统整体保护力度，加快建立以国家公园为主体的自然保护地体系。从空间维度看，将所有自然保护地纳入统一管理，有利于解决保护地空间规划重叠的问题，为保护地的整体保护和系统修复提供制度保障；在管理体制上，将从根本上解决行政职能条块分割、“九龙治水”、各类型保护地不同部门管理交

叉重叠等顽疾，促进国家陆地和海洋保护地网络体系的综合治理；从管理能力上看，自上而下、统一监管体制，便于顶层理念、政策方针和法律规范的贯彻落实，在统一管理机构的统筹指导和监督下，海洋公园的实际管理效率和能力建设会得到显著提升。

我国的海洋公园管理可借鉴国际成功经验，进一步理顺，统一协调管理与分级、分部门管理相结合的体制，进而由部门分类型管理融入统一生态系统管理体制。

二、逐步建立一套相对完善的法律法规体系

现阶段，我国已基本建立起涵盖海洋生态环境保护、环境污染防治和自然资源保护与利用的法律法规体系。海洋公园在成立之初，是作为海洋特别保护区的一种类型，因此，海洋特别保护区设立的相关规定为我国在较长一段时期建设和发展国家海洋公园提供了相关法律依据。2016 年修正的《海洋环境保护法》第二十三条明确指出“凡具有特殊地理条件、生态系统、生物与非生物资源及海洋开发利用特殊需要的区域，可以建立海洋特别保护区，采取有效的保护措施和科学的开发方式进行特殊管理”，并进一步明确了海洋特别保护区（包括海洋公园）建设的基本条件和管理要求，为海洋特别保护区建设和管理提供直接的法律依据。国家海洋局还印发了《海洋特别保护区管理办法》《国家级海洋特别保护区评审委员会工作规则》和《国家级海洋公园评审标准》等一系列法律规范文件，为海洋公园的建设和管理提供规范指导。

2017 年 9 月，中共中央办公厅、国务院办公厅印发了《建立国家公园体制总体方案》，制定《国家公园法》是《建立国家公园体制总体方案》中所提出的一项重要工作任务，截至 2020 年，国家林业和草原局已经启动了《国家公园法（草案）》的研究论证和起草工作。2019 年，中共中央办公厅、国务院办公厅印发了《关于建立以国家公园为主体的自然保护地体系的指导意见》的通知，提出“建成中国特色的以国家公园为主体的自然保护地体系，推动各类自然保护地科学设置，建立自然生态系统保护的新体制新机制新模式，建设健康稳定高效的自然生态系统，为维护国家生态安全和实现经济社会可持续发展筑牢基石”，提出到 2025 年，健全国家公园体制，完成自然保护地整合归并优化，完善自然保护地体系的法律法规、管理和监督制度。该意见将自然保护地按生态价值和保护强度高低依次分为 3 类，即国家公园、自然保护区、自然公园。海洋公园属于自然公园的一个类别。以后不再保留海洋特别保护区这一类别。对于法律法规的建设，提出“修改完善自然保护区条例，突出以国家公园保护为主要内容，推动制定出台自然保护地法，研究提出各类自

然公园的相关管理规定”。因此，未来海洋公园的建设与发展需要基于《关于建立以国家公园为主体的自然保护地体系的指导意见》等文件指示，进一步理顺相关关系，并结合《国家公园法》和《自然保护地法》的研究论证和制定进程，深入开展海洋公园及海洋自然保护地基础问题研究，按照新时期的政策要求和国家有关工作部署，将海洋国家公园、海洋自然保护区和海洋自然公园的建设和管理纳入《国家公园法》和《自然保护地法》中，将海洋公园融入以国家公园为主体的自然保护地法律规范体系中，逐步建立一套统一、完善的法律法规体系。其次，在《海洋环境保护法》等法律法规的修订修改中，根据新的海洋管理体制机制安排和新的政策需求，作为海洋生态保护的重要制度，包括海洋公园在内的各类海洋自然保护地建设和管理的相关规定，应当摆在突出的重要位置，与国家层面自然保护地相关整体立法工作相互衔接，共同构成较为完善的海洋公园法律法规和配套规范体系。

三、系统构建一套较为完备的技术方法体系

国家海洋公园的选划论证及总体规划编制等环节都需要足够的科学支撑，国家层面，为了更好地开展海洋公园的选划建设与管理工作，目前已颁布了 1 项国家标准、2 项行业标准以及 2 项规程；地方层面，海洋公园选划建设过程中都离不开多学科专家构成的科技支撑团队，以制定科学合理的规划指导公园的建设、发展与管理。

《海洋特别保护区选划论证技术导则》（GB/T 25054-2010）规定了包括海洋公园在内的海洋特别保护区选划论证工作的基本程序、内容、方法和技术要求，重点阐述建区条件、功能分区、管理基础保障和建区综合效益；《海洋特别保护区分类分级标准》（HY/T 117-2008）将海洋特别保护区分为 4 类 2 级；《海洋特别保护区功能分区和总体规划编制技术导则》（HY/T 118-2010）规定了海洋特别保护区功能分区的一般原则、方法、内容及技术要求，以及海洋特别保护区总体规划编制的一般要求、编写内容和工作程序。《国家级海洋公园评审标准》规定了国家级海洋公园评审的具体指标和指标的赋分标准，评审指标由自然属性、可保护属性和保护管理基础 3 个部分组成，其下共分为 13 项具体指标。

在《关于建立以国家公园为主体的自然保护地体系的指导意见》颁布之后，海洋公园归属于自然公园，并不再有海洋特别保护区这一类别。因此，我们需要进一步修正相关的技术规范，为新的分类体系服务。

四、形成有利于保护与利用协调发展的管理模式

自2011年国家海洋局公布首批国家级海洋公园以来，我国已先后批准建立了48个国家级海洋公园。国家级海洋公园正逐渐成为我国滨海旅游业发展的重要载体。海洋生态保护与旅游开发实现有序结合、协调发展，不但是国家海洋公园设立的主要宗旨，也是海洋生态文明和海洋经济可持续发展内涵的最佳诠释。

吸收国外海洋公园在平衡旅游开发与生态保护关系方面取得的实践成果，可为我国海洋公园建设提供值得借鉴的经验。一是突出国家海洋公园的公益性和公共性特征。海洋公园需在有效保护的前提下，尽可能为国民在环境上、文化上、精神上提供高度相容的场所，为公众提供科普教育游憩的机会，要加大生态保护及相关设施的投入，不断提高生态服务和科普教育游憩服务的水平，为国民提供更多机会亲近自然、了解历史、领略美丽海洋和历史文化底蕴，进而增强保护自然的自觉意识，促进生态文明建设。二是强化国家海洋公园的制度保障和规划先行意识。重视规划先行的管理方针，在选划和规划之初，就依照资源的性质、等级及生态系统的脆弱程度，将国家公园划分为重点保护区、生态与资源恢复区、适度利用区、预留区等进行分类管控。三是管控国家海洋公园的旅游活动范围与强度。按照海洋生态保护和旅游开发的不同要求，细化不同类型的管控区域，这种功能分区的管控手段，明确生态保护与旅游开发之间的界限、范围和强度，进而有效减少两者之间的冲突和矛盾。

五、研究建立海洋保护区生态保护补偿机制

海洋公园建设与管理离不开保护区管理部门以及周边居民、企业等利益相关者的支持与参与，为协调海洋公园建设管理与周边利益相关者的利益关系，维护社会公平，促进利益相关者参与海洋公园建设与管理的积极性，国家应推动海洋生态保护补偿机制的建立。海洋生态保护补偿机制是基于公平原则，通过资金补偿、实物补偿、政策补偿等形式，对因海洋保护区建设而遭受损失的利益相关者的保护成本、机会成本等进行补偿的一项环境管理制度。

我国大力推动海洋生态保护补偿机制建立与实施，通过国家立法将生态保护补偿制度予以确立。《中华人民共和国环境保护法》第三十一条规定："国家建立、健全生态保护补

偿制度。国家加大对生态保护地区的财政转移支付力度。有关地方人民政府应当落实生态保护补偿资金，确保其用于生态保护补偿。国家指导受益地区和生态保护地区人民政府通过协商或者按照市场规则进行生态保护补偿。”《中华人民共和国海洋环境保护法》第二十四条规定：“国家建立健全海洋生态保护补偿制度。开发利用海洋资源，应当根据海洋功能区划合理布局，严格遵守生态保护红线，不得造成海洋生态环境破坏。”国家从环境法律层面提出建立健全生态保护补偿机制，明确加大生态保护地区的财政转移支付力度，为全国生态保护类区域开展生态保护补偿提供了直接法律依据。

中央和地方各级人民政府重视生态保护补偿工作的开展，通过部门立法和地方立法工作将生态保护补偿制度予以落实。国务院办公厅于2016年印发了《关于健全生态保护补偿机制的意见》（国办发〔2016〕31号）提出“研究建立国家级海洋自然保护区、海洋特别保护区生态保护补偿制度”，“多渠道筹措资金，加大生态保护补偿力度”。目前，在林业、草原、湿地、耕地等领域各主管部门制定了生态补偿的规定并予以实践，基本建立起陆域生态保护补偿机制，积累了一定经验。为推动海洋生态补偿制度建设，《海洋保护区生态保护补偿管理办法》《海洋保护区生态保护补偿技术导则》相继制定和出台；地方政府在地方先行实践的基础上推动地方海洋生态补偿立法工作，例如，山东省制定出台了《山东省海洋生态补偿管理办法》，厦门市制定实施了《厦门市海洋生态补偿管理办法》，三亚市出台了《三亚市潜水活动珊瑚礁生态损失补偿办法》等，用于规范地方的海洋生态补偿工作。

随着海洋保护区生态补偿机制的探索与实践，为海洋公园多渠道筹集补偿资金提供了可能。海洋保护区生态保护补偿主要通过资金补偿方式实施，补偿资金可用于保护区基础设施建设、日常管理与维护、生态修复工程、科学研究以及补偿周边利益相关者的机会成本损失等。